高职高专"十四五"规划教材

电工电子技能训练

主　编　郭景波
副主编　张国峰　李玉贤

北京航空航天大学出版社

内 容 简 介

本教材是根据我国高等职业教育特点和企业对创新型人才的需求而编制的一本实训教材。全书共 11 个实训，分别为万用表的使用，常用电工工具的识别与使用，照明电路安装，常用低压控制电器，电动机结构与接线，电动机点动、连续运行控制电路，三相异步电动机正反转控制电路、三相异步电动机 Y—△减压启动控制电路、常用电子元件的识别、万能电路板焊接，用 555 定时器设计制作实用电路。

本教材可作为高职高专院校电类与非电类专业的实训教材，也可供电类工程技术人员参考。

图书在版编目(CIP)数据

电工电子技能训练 / 郭景波主编. -- 北京 ：北京航空航天大学出版社，2020.9
 ISBN 978-7-5124-3364-9

Ⅰ. ①电… Ⅱ. ①郭… Ⅲ. ①电工技术②电子技术 Ⅳ. ①TM②TN

中国版本图书馆 CIP 数据核字(2020)第 176183 号

版权所有，侵权必究。

电工电子技能训练

主　编　郭景波
副主编　张国峰　李玉贤
责任编辑　蔡喆　周世婷

*

北京航空航天大学出版社出版发行

北京市海淀区学院路 37 号(邮编 100191)　http://www.buaapress.com.cn
发行部电话：(010)82317024　传真：(010)82328026
读者信箱：goodtextbook@126.com　邮购电话：(010)82316936
北京九州迅驰传媒文化有限公司印装　各地书店经销

*

开本：787×1 092　1/16　印张：9　字数：230 千字
2020 年 10 月第 1 版　2020 年 10 月第 1 次印刷　印数：1 000 册
ISBN 978-7-5124-3364-9　定价：26.00 元(含报告册)

若本书有倒页、脱页、缺页等印装质量问题，请与本社发行部联系调换。联系电话：(010)82317024

前　言

《电工电子技能实训》是在教育部职教 20 条公布之后，根据我国高等职业教育特点与需求，以及企业对创新型人才的需求编制的一本实训教材。与传统章节式教材相比，《电工电子技能训练》更强调学生在实践中的主观能动性，以学生在做中学、学中做，学做一体，边学边做为原则；更重视学生的动手实践、分析问题和解决问题的能力及创新精神的培养；培养学生的工程应用与设计理念。弥补学生从理论到工程实践之间联系的不足。

本书在编写过程中，本着"精选内容，打好基础，培养能力"的原则，力求讲清基本概念。各实训内容都是作为电工及电子工作人员应必备的知识与技能。本书是编者根据十多年来的企业工作经历与十多年来的高职高专教学与实践经验，将积累、收集资料进行整理与汇编而成的。

本书共有 11 个实训内容，分别是万用表的使用，常用电工工具的识别与使用，照明电路安装，常用低压控制电器，电动机结构与接线，电动机点动、连续运行控制电路，三相异步电动机正反转控制电路、三相异步电动机 Y—△减压启动控制电路，常用电子元件的识别，万能电路板焊接，用 555 定时器设计制作实用电路。

本书由黑龙江农业工程职业学院郭景波任主编，由张国峰、李玉贤任副主编。具体编写分工为：张国峰编写实训 1～3；郭景波编写实训 4 和实训 5，并负责全书的统稿；李玉贤编写实训 6～7；高路编写实训 8～9；刘爽编写实训 10～11。

本书由黑龙江农业工程职业学院朱晓慧教授担任主审，她对书稿进行了认真仔细地审阅，提出了许多宝贵意见，在此深表感谢。

本书在编写过程中，得到了编者所在学院各级领导及同事们的支持与帮助，在此一并表示感谢。

由于编写时间及编者水平有限，书中难免有不当之处，请各位读者提出宝贵意见。

编　者
2020 年 5 月

目　　录

实训 1　万用表的使用 …………………………………………………………………… 1
　1.1　万用表使用相关知识 ………………………………………………………………… 1
　　1.1.1　指针式万用表 …………………………………………………………………… 1
　　1.1.2　数字式万用表 …………………………………………………………………… 3
　1.2　万用表使用实训实施 ………………………………………………………………… 5
　　1.2.1　实训内容 ………………………………………………………………………… 5
　　1.2.2　实训目标 ………………………………………………………………………… 5
　　1.2.3　实训方案 ………………………………………………………………………… 5
　1.3　实训思考题 …………………………………………………………………………… 6

实训 2　常用电工工具的识别与使用 …………………………………………………… 7
　2.1　常用电工工具相关知识 ……………………………………………………………… 7
　　2.1.1　钢丝钳 …………………………………………………………………………… 7
　　2.1.2　尖嘴钳 …………………………………………………………………………… 8
　　2.1.3　斜口钳 …………………………………………………………………………… 8
　　2.1.4　剥线钳 …………………………………………………………………………… 9
　　2.1.5　验电器 …………………………………………………………………………… 9
　　2.1.6　电工刀 …………………………………………………………………………… 10
　　2.1.7　螺钉旋具 ………………………………………………………………………… 10
　　2.1.8　手电钻 …………………………………………………………………………… 11
　　2.1.9　冲击钻 …………………………………………………………………………… 12
　2.2　常用电工工具实训实施 ……………………………………………………………… 13
　　2.2.1　实训内容 ………………………………………………………………………… 13
　　2.2.2　实训目标 ………………………………………………………………………… 13
　　2.2.3　实训方案 ………………………………………………………………………… 13
　2.3　实训思考题 …………………………………………………………………………… 13

实训 3　照明电路安装 …………………………………………………………………… 14
　3.1　照明电路安装相关知识 ……………………………………………………………… 14
　　3.1.1　照明开关和插座的接线 ………………………………………………………… 14
　　3.1.2　照明开关和插座的安装 ………………………………………………………… 14
　　3.1.3　灯座灯头的安装 ………………………………………………………………… 15
　　3.1.4　荧光灯的安装 …………………………………………………………………… 15

3.1.5 漏电保护器(漏电断路器)的接线与安装 …………………………………… 16
  3.1.6 熔断器的安装 ………………………………………………………………… 17
  3.1.7 单相电能表的安装 …………………………………………………………… 17
  3.1.8 照明电路安装要求 …………………………………………………………… 19
  3.1.9 照明电路的常见故障 ………………………………………………………… 20
  3.1.10 照明设备的常见故障及排除 ……………………………………………… 21
 3.2 照明电路安装实训实施 …………………………………………………………… 25
  3.2.1 实训内容 ……………………………………………………………………… 25
  3.2.2 实训目标 ……………………………………………………………………… 25
  3.2.3 实训方案 ……………………………………………………………………… 26
 3.3 实训思考题 ………………………………………………………………………… 27

实训4 常用的低压控制电器 …………………………………………………………… 28

 4.1 低压控制电器相关知识 …………………………………………………………… 28
  4.1.1 低压断路器 …………………………………………………………………… 28
  4.1.2 熔断器 ………………………………………………………………………… 30
  4.1.3 交流接触器 …………………………………………………………………… 31
  4.1.4 组合开关(万能转换开关) …………………………………………………… 34
  4.1.5 按钮开关和指示灯 …………………………………………………………… 36
  4.1.6 热继电器 ……………………………………………………………………… 38
  4.1.7 中间继电器 …………………………………………………………………… 40
  4.1.8 时间继电器 …………………………………………………………………… 41
  4.1.9 低压电流互感器 ……………………………………………………………… 42
  4.1.10 交流电流表和交流电压表 ………………………………………………… 43
  4.1.11 浪涌保护器 ………………………………………………………………… 45
  4.1.12 三相电能表 ………………………………………………………………… 46
 4.2 常用低压控制电器实训实施 ……………………………………………………… 46
  4.2.1 实训内容 ……………………………………………………………………… 46
  4.2.2 实训目标 ……………………………………………………………………… 46
  4.2.3 实训方案 ……………………………………………………………………… 46
 4.3 实训思考题 ………………………………………………………………………… 47

实训5 电动机结构与接线 ……………………………………………………………… 48

 5.1 电动机结构与接线相关知识 ……………………………………………………… 48
  5.1.1 三相交流异步电动机简介 …………………………………………………… 48
  5.1.2 三相交流异步电动机的结构 ………………………………………………… 49
  5.1.3 三相交流异步电动机的接线 ………………………………………………… 50
  5.1.4 三相交流异步电动机旋转方向改变 ………………………………………… 50
  5.1.5 三相交流异步电动机的铭牌 ………………………………………………… 51

5.2 电动机结构与接线实训实施 ……………………………………………………… 52
　　5.2.1 实训内容 …………………………………………………………………… 52
　　5.2.2 实训目标 …………………………………………………………………… 52
　　5.2.3 实训方案 …………………………………………………………………… 52
5.3 实训思考题 …………………………………………………………………………… 52

实训6　电动机点动、连续运行控制电路 …………………………………………… 53

6.1 电动机点动、连续运行控制电路相关知识 ………………………………………… 53
　　6.1.1 点动控制电路的组成 ……………………………………………………… 53
　　6.1.2 点动控制电路工作原理 …………………………………………………… 54
　　6.1.3 连续运行控制电路的组成 ………………………………………………… 54
　　6.1.4 连续运行电路工作原理 …………………………………………………… 55
6.2 电动机点动、连续运行控制电路实训实施 ………………………………………… 56
　　6.2.1 实训内容 …………………………………………………………………… 56
　　6.2.2 实训目标 …………………………………………………………………… 56
　　6.2.3 实训方案 …………………………………………………………………… 56
6.3 实训思考题 …………………………………………………………………………… 57

实训7　三相异步电动机正反转控制电路 …………………………………………… 58

7.1 三相异步电动机正反转控制电路相关知识 ………………………………………… 58
　　7.1.1 接触器控制电动机正反转电路 …………………………………………… 58
　　7.1.2 接触器互锁正反转控制电路 ……………………………………………… 59
　　7.1.3 双重(接触器、按钮)互锁正反转控制电路 ……………………………… 60
7.2 电动机正反转控制电路实训实施 …………………………………………………… 61
　　7.2.1 实训内容 …………………………………………………………………… 61
　　7.2.2 实训目标 …………………………………………………………………… 61
　　7.2.3 实训方案 …………………………………………………………………… 61
7.3 实训思考题 …………………………………………………………………………… 62

实训8　三相异步电动机Y—△减压启动控制电路 ………………………………… 63

8.1 三相异步电动机Y—△减压启动控制电路相关知识 ……………………………… 63
　　8.1.1 三相异步电动机Y—△减压启动控制电路构成 ………………………… 63
　　8.1.2 三相异步电动机Y—△减压启动控制电路工作原理 …………………… 64
8.2 三相异步电动机Y—△减压启动控制电路实训实施 ……………………………… 64
　　8.2.1 实训内容 …………………………………………………………………… 64
　　8.2.2 实训目标 …………………………………………………………………… 65
　　8.2.3 实训方案 …………………………………………………………………… 65
8.3 实训思考题 …………………………………………………………………………… 65

实训 9　常用电子元件的识别 ··· 66
9.1　常用电子元件相关知识 ··· 66
9.1.1　电阻器 ··· 66
9.1.2　电容器 ··· 69
9.1.3　二极管 ··· 70
9.1.4　三极管 ··· 72
9.1.5　集成电路 ··· 74
9.2　常用电子元件识别实训实施 ··· 77
9.2.1　实训内容 ··· 77
9.2.2　实训目标 ··· 77
9.2.3　实训方案 ··· 77
9.3　实训思考题 ··· 78

实训 10　万能电路板焊接 ··· 79
10.1　万能电路板焊接相关知识 ··· 79
10.1.1　电烙铁 ··· 79
10.1.2　焊料与焊剂 ··· 80
10.1.3　手工烙铁焊接的基本技能 ··· 81
10.1.4　吸锡器 ··· 82
10.1.5　万能电路板 ··· 83
10.2　万能电路板焊接实训实施 ··· 85
10.2.1　实训内容 ··· 85
10.2.2　实训目标 ··· 86
10.2.3　实训方案 ··· 86
10.3　实训思考题 ··· 86

实训 11　用 555 定时器设计制作实用电路 ··· 87
11.1　用 555 定时器设计制作实用电路相关知识 ··· 87
11.1.1　555 定时器原理 ··· 87
11.1.2　实用 555 时基电路 ··· 89
11.2　555 定时器设计制作实用电路实训实施 ··· 93
11.2.1　实训内容 ··· 93
11.2.2　实训目标 ··· 93
11.2.3　实训方案 ··· 93

附录　触电急救 ··· 94

参考文献 ··· 97

实训1　万用表的使用

1.1　万用表使用相关知识

万用表又叫多用表、三用表、复用表,是一种多功能、多量程的测量仪表。万用表可测量直流电流、直流电压、交流电压、交流电流电阻和音频电平等,有的还可以测电容量、电感量及半导体的一些参数等。

1.1.1　指针式万用表

指针式万用表由表头、测量线路及转换开关等三个主要部分组成。

(1) 表头:指针式万用表采用高灵敏度的磁电式作为直流电流表表头,万用表的主要性能指标基本上取决于表头的性能。表头上有4条刻度线,它们的功能如下:

第1条(从上到下)标有R或Ω字样,指示的是电阻值,转换开关在欧姆挡时,即读此条刻度线。

第2条标有∽和VA字样,指示的是交、直流电压和直流电流值;当转换开关在交、直流电压或直流电流挡,量程在除交流10 V以外的其他位置时,即读此条刻度线。

第3条标有10 V字样,指示的是10 V的交流电压值,当转换开关在交、直流电压挡,量程在交直流10 V时,即读此条刻度线。

第4条标有dB字样,指示的是音频电平。

(2) 测量线路:测量线路是用来把各种被测量转换到适合表头测量的微小直流电流的电路,它由电阻、半导体元件及电池组成,它能将各种不同的被测量(如电流、电压、电阻等)、不同的量程,经过一系列的处理(如整流、分流、分压等)统一变成一定量限的微小直流电流送入表头进行测量。

(3) 转换开关:其作用是用来选择各种不同的测量线路,以满足不同种类和不同量程的测量要求。转换开关一般有两个,分别标有不同的挡位和量程。

1. 准备工作

(1) 熟悉转换开关、旋钮、插孔等的作用。

(2) 了解刻度盘上每条刻度线所对应的被测电量。

(3) 将红表笔插入"+"插孔,黑表笔插入"-"插孔。

(4) 机械调零。旋动万用表面板上的机械零位调整螺钉,使指针对准刻度盘左端的"0"位置(见图1-1)。

2. 电压的测量

(1) 正确选择量程:量程的选择应尽量使指针偏转到满刻度的2/3左右。如果事先不清楚被测电压的大小,应先选择最高量程挡,然后逐渐减小到合适的量程。

(2) 交流电压的测量:把转换开关拨到交流电压挡,选择合适的量程。将万用表两根表笔并接在被测电路的两端,不分正负极(见图1-2)。

注意:其读数为交流电压的有效值。

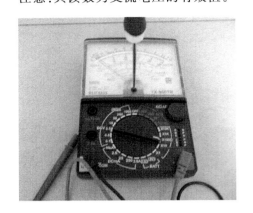

图1-1 指针式万用表的机械调零

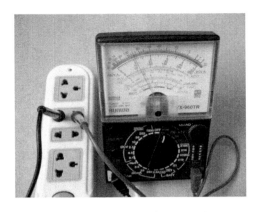

图1-2 指针式万用表测交流电压

(3) 直流电压的测量:把转换开关拨到直流电压挡并选择合适的量程。把万用表并接到被测电路上,红表笔接到被测电压的正极,黑表笔接到被测电压的负极,即让电流从红表笔流入,从黑表笔流出(见图1-3)。

3. 电阻的测量

(1) 选择合适的倍率挡:万用表欧姆挡的刻度线是不均匀的,所以倍率挡的选择应使指针停留在刻度线较稀的部分为宜,且指针越接近刻度尺的中间,读数越准确。一般情况下,应使指针指在刻度尺的1/3~2/3处。

(2) 欧姆调零:测量电阻之前,应将两个表笔短接,同时调节"欧姆调零旋钮",使指针刚好指在欧姆刻度线右边的零位。并且每换一次倍率挡,都要再次进行欧姆调零,以保证测量准确。

(3) 读数:表头的读数乘以倍率,就是所测电阻的电阻值(见图1-4)。

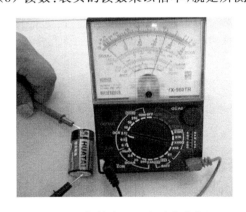

图1-3 指针式万用表测直流电压

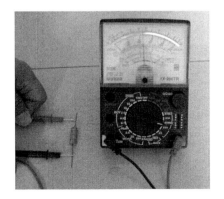

图1-4 指针式万用表测电阻

4. 直流电流的测量

(1) 测量直流电流时,将万用表的转换开关置于直流电流挡的50 uA~500 mA的合适量程上。

(2) 测量时必须先断开电路,然后按照电流从"+"到"-"的方向,将万用表串联到被测电路中,即电流从红表笔流入,从黑表笔流出(见图1-5)。

注意:如果误将万用表与负载并联,则会因表头的内阻很小,造成短路、烧毁仪表。其读数方法为:实际值=指示值×量程/满偏(见图1-6)。

图1-5 指针式万用表测直流电流

图1-6 电流的读数

5. 注意事项

(1) 在测电流、电压时,不能带电换量程。

(2) 选择量程时,要先选大的,后选小的,尽量使被测值接近于量程值。

(3) 测电阻时,不能带电测量。因为测量电阻时,万用表由内部电池供电,如果带电测量则相当于接入一个额外的电源,极易损坏表头。

(4) 用毕,应使转换开关在交流电压最大挡位或空挡上。

1.1.2 数字式万用表

以优德利UT39A型数字万用表为例介绍各参数之测量。

1. 直流(交流)电压的测量

(1) 将红表笔插入VΩ插孔,黑表笔插入COM插孔。

(2) 正确选择量程,将功能开关置于直流或交流电压量程挡,如果事先不清楚被测电压的大小时,应先选择最高量程挡,根据读数需要逐步调低测量量程挡。

(3) 将测试笔并联到待测电源或负载上,从显示器上读取测量结果(见图1-7和图1-8)。

(4) 当被测电路电压大于量程电压时,万用表显示"1",表示过量程,须适当调大量程(见图1-9)。

图1-7 数字万用表测交流电压

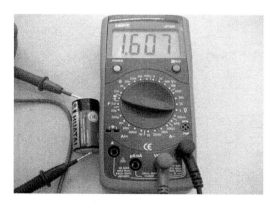

图1-8 数字万用表测直流电压

2. 电阻的测量

(1) 将红表笔插入 VΩ 插孔,黑表笔插入 COM 插孔。

(2) 将功能开关置于 Ω 量程,将测试表笔并接到待测电阻上。

(3) 从显示器上读取测量结果(如图 1-10 所示,电阻为 2.34 kΩ)。

注意:测在线电阻时,须确认被测电路已关掉电源,电容已经放电,确保无旁路电阻等方可进行测量。

图 1-9 数字压表电压超量程显示

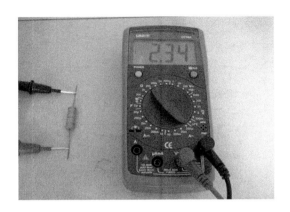

图 1-10 数字万用表测电阻

3. 直流(交流)电流测量

(1) 将红表笔插入 mA 或 10 A~20 A 插孔(当测量 200 mA 以下的电流时,插入 mA 插孔;当测量 200 mA 及以上的电流时,插入 10 A~20 A 插孔),黑表笔插入 COM 插孔。

(2) 将功能开关置于 A— 或 A~ 量程,并将测试表笔**串联**接入待测负载回路(见图 1-11)。

(3) 从显示器上读取测量结果(如图 1-12 所示,电流为 60 mA)。

图 1-11 数字万用表测直流电流

图 1-12 电流的读数

1.2 万用表使用实训实施

1.2.1 实训内容

(1) 指针式万用表的认识与使用。
(2) 数字式万用表的认识与使用。

1.2.2 实训目标

(1) 学会指针式万用表及数字式万用表的使用方法;
(2) 会用万用表测量电路中常用的电路参数。

1.2.3 实训方案

1. 指导教师提出具体实训内容

(1) 用万用表测量交流电压、直流电压、直流电流、电阻。
(2) 用万用表测量三相异步电动机三相绕组的通断,并确定两个端头是同一相绕组。

2. 学生在指导教师指导下按步骤实训

(1) 将单相副边多抽头变压器接到交流 220 V 电源上,学生测量实际的变压器输入电压及各副线圈输出交流电压,测量结果填入表 1-1 中。

(2) 调节直流稳压电源输出旋钮,分别输出 3 V、5 V、12 V 直流电压,用万用表直流挡测量,测量结果填入表 1-1 中。

(3) 准备一些阻值为 10 Ω、100 Ω、220 Ω、1 kΩ、12 kΩ 的电阻,学生把万用表打至电阻挡测量电阻,测量结果填入表 1-1 中。

(4) 把(3)中准备的电阻分别接到直流电压为 5 V 的电源上,用万用表直流电流挡测电流,测量结果填入表 1-1 中。

(5) 用万用表的电阻挡或通断测量挡测量三相异步电动机绕组的通断。

表 1-1 万用表使用测量记录表

测量项目	测量内容	测量结果	测量项目	测量内容	测量结果
交流电压/V	220		直流电压/V	3	
	10			5	
	15			12	
电阻/Ω	10		直流电源为 5 V,通过各电阻的直流电流	10	
	100			100	
	220			220	
	1000			1000	
	1200			1200	

续表 1-1

测量项目	测量内容	测量结果	测量项目	测量内容	测量结果
三相异步电动机绕组测量	A—X		三相异步电动机绕组测量	C—X	
	A—Y			C—Y	
	A—Z			C—Z	
	B—X			A—B	
	B—Y			B—C	
	B—Z			C—A	

1.3 实训思考题

(1) 万用表在测量前,需要做哪些准备工作?测量电阻时要注意哪些事项?

(2) 指针式万用表在测量直流电压或电流时,红黑表笔所放位置的电位高低如何比较?

(3) 指针式万用表置于电阻挡时,红黑表笔所接分别是内部电池的哪个极?在测量二极管时,如果测量时二极管导通,哪个表笔所接的是二极管阳极?

(4) 数字式万用表在测量电压时,如何注意所测电路电位的高低?

实训 2　常用电工工具的识别与使用

2.1　常用电工工具相关知识

电工常用工具是指一般专业电工经常使用的一些电工工具。对电气操作人员来说,能否熟悉和掌握电工工具的结构、性能、使用方法和操作规范,将直接影响工作效率和工作质量及人身安全。

2.1.1　钢丝钳

钢丝钳又称刻丝钳、老虎钳,简称钳子,是电工使用最频繁的工具。

电工使用的钢丝钳由钳头和钳柄两部分组成。钳头包括钳口、齿口、刀口和铡口四部分(结构见图 2-1),钳柄是带绝缘护套的手柄。一般钢丝钳的绝缘护套耐压为 500 V,所以只能适用于低压带电设备。

钳口可用来钳夹和弯绞导线;齿口可以代替扳手来拧小型螺母;刀口可用来剪切电线、拔铁钉;铡口可用来铡切钢丝等硬金属丝。钢丝钳的使用如图 2-2 所示。

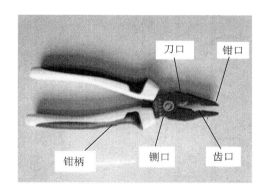

图 2-1　钢丝钳的结构

图 2-2　钢丝钳的使用

使用钢丝钳时应注意如下事项:

(1) 使用前,必须检查其绝缘柄,确保绝缘状况良好。不得带电操作,以免发生触电事故。

(2) 用钢丝钳剪切带电导线时,必须单根进行,不得用刀口同时剪切相线和中性线或者两根相线,以免造成短路事故,并且手与钢丝钳的金属部分要保持 2 cm 以上的距离。

(3) 使用钢丝钳时刀口朝向要内侧,便于控制剪切部位。

(4) 不能用钳头代替锤子作为敲打工具,以免使钳子变形。钳头的轴销应经常加润滑油,保证其开闭灵活。

(5) 根据不同用途,选用不同规格的钢丝钳。

2.1.2 尖嘴钳

尖嘴钳的头部尖细,外形如图 2-3 所示。尖嘴钳适用于狭小的工作范围,可带电操作低压电气设备。钳头用于夹持较小的螺钉、垫圈、导线,或把导线端头弯曲成所需形状;小刀口用于剪断细小的导线、金属丝等。电工用尖嘴钳的手柄带有绝缘的耐酸塑料套管,耐压 500 V,所以工作电压不应超过 500 V。使用操作如图 2-4 所示。

使用小嘴钳时应注意如下事项:
(1) 绝缘手柄损坏时,不可用来切断带电导线。
(2) 为了使用安全,手离尖嘴钳的金属部分要保持 2 cm 以上的距离。
(3) 钳头部分尖细,又经过热处理,钳夹物不可太大,用力切勿过猛,以防损坏钳头。
(4) 尖嘴钳使用后应清理干净,防止锈蚀,钳轴要经常加润滑油以防生锈。

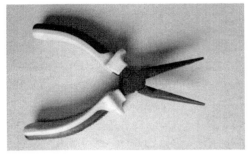

图 2-3 尖嘴钳的外形

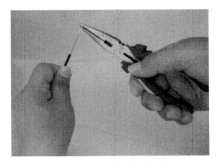

图 2-4 尖嘴钳使用

2.1.3 斜口钳

斜口钳又称断线钳,其头部扁斜,外形如图 2-5 所示。电工用斜口钳的钳柄采用绝缘柄,其耐压 500 V。

斜口钳主要用于剪断较粗的电线、金属丝及导线电缆,还可直接剪断低压带电导线,如图 2-6 所示。

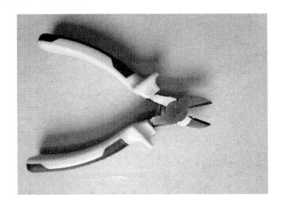

图 2-5 斜口钳的外形

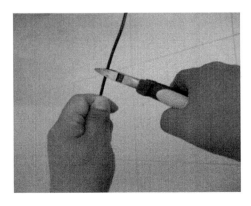

图 2-6 斜口钳的使用

2.1.4 剥线钳

剥线钳用来削去 2.5 mm² 及以下的绝缘导线的塑料或橡胶绝缘层,其外形如图 2-7 所示,它由钳口和手柄两部分组成。剥线钳钳口分 0.2～2.5 mm² 多个切口,用于不同规格线芯的剥线。使用时应使切口与被削导线截面积相匹配,切口过大难以剥离绝缘层,切口过小就会伤及导线线芯。剥线钳有很多种,可根据个人习惯选择不同的工具,剥线钳使用方法如图 2-8 所示。

图 2-7 剥线钳的外形

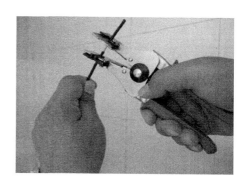

图 2-8 剥线钳的使用

2.1.5 验电器

用来检验导线和电气设备是否带电的一种常用检测工具。验电器测试范围为 60～500 V。低压验电笔有接触式和感应式两种,验电笔外形如图 2-9 所示。验电笔头为金属的是接触式验电器,验电笔头没有金属的是感应式验电器。手握接触式验电器时,将验电笔金属笔尖与被检查的带电部分接触,如氖灯发亮,说明设备带电(见图 2-10)。灯愈亮则电压愈高,愈暗电压愈低。而感应式的验电笔的探头接近带电体时,验电笔就会闪光,同是发出报警声音。

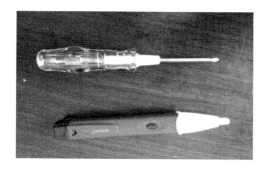

图 2-9 验电笔外形图

图 2-10 验电笔的使用

1. 低压验电器的多种作用

(1) 区别电压高低:测试时可根据氖管发光的强弱来判断电压的高低。

(2) 区别相线与零线:正常情况下,在交流电路中,当验电器触及相线时,氖管发光;当验电器触及零线时,氖管不发光。低压验电器也可用来判别接地故障,如果在三相四线制电路中发生单相接地故障,用试电笔测试中性线时,氖管会发光;在三相三线制电路中,用其测试三根相线,如果两相很亮,另一相不亮,则验电笔不亮的这相可能有接地故障。

(3) 区别直流电与交流电:交流电通过验电器时,氖管里的两极同时发光;直流电通过验电器时,氖管两极只有一极发光。

(4) 区别直流电的正、负极:将验电器连接在直流电的正、负极之间,氖管中发光的一极为直流电的负极。

2. 使用低压验电器时应注意的问题

(1) 使用前,先要在有电的导体上检查验电器是否正常,检验其可靠性。

(2) 在明亮的光线下使用接触式验电器时,往往不易看清氖管的辉光,应注意避光。

(3) 笔尖虽与螺钉旋具形状相同,但它只能承受很少的扭矩,不能作为螺丝刀使用,否则验电笔将会损坏。

2.1.6 电工刀

用来剖削电线线头、切割木台缺口、削制木榫的专用工具。电工刀实物如图2-11所示。电工刀的刀口磨制成单面呈圆弧状的刃口,刀刃部分非常锋利。在剖削导线绝缘层时,可将刀背略微向内倾斜,用刀刃的圆角抵住线芯,刀口向外推出。使刀面与导线呈较小的锐角,这样既不易伤线芯,又可防止操作者受伤。电工刀切削绝缘皮操作方法如图2-12所示。

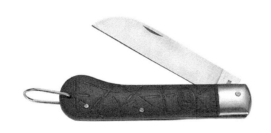

图2-11 电工刀实物图

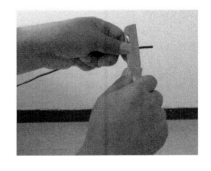

图2-12 电工刀切削绝缘皮操作方法

使用电工刀时要注意以下事项:

(1) 使用电工刀时切勿用力过大,以免不慎划伤手指或其他器具及导线。

(2) 使用电工刀时,刀口应朝外操作,切忌把刀刃垂直对着导线切割绝缘层,以免削伤线芯。

(3) 一般电工刀手柄不带绝缘,因此严禁电工刀带电操作。

2.1.7 螺钉旋具

螺钉旋具(俗称螺丝刀)是用来紧固或拆卸螺钉的常用工具。按头部形状不同有一字形和十字形两种,其实物如图2-13和图2-14所示。

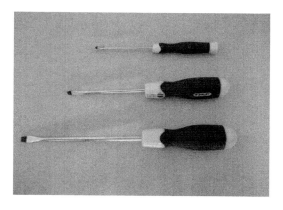

图 2-13 一字形螺丝刀

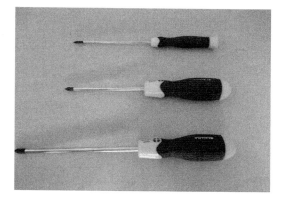

图 2-14 十字形螺丝刀

使用螺钉旋具要注意以下事项：

（1）螺丝刀是电工常用工具之一，使用时应选择带绝缘手柄的螺钉旋具，使用前先检查绝缘是否良好。

（2）电工不得使用金属直通柄的旋具，以免造成触电事故。

（3）为了避免触电事故发生，金属杆上应套绝缘套管。

（4）使用时应使螺刀头部顶牢螺钉槽口，防止打滑损伤槽口。

（5）螺钉旋具的头部形状和尺寸应与螺钉尾槽的形状和大小相配，更不能当錾子使用。

2.1.8 手电钻

手电钻是一种电动工具，用于对工件钻孔。它主要由电动机、钻夹头、手柄等组成，如图 2-15 所示。使用手电钻要注意以下几个问题：

（1）用前要选用合适的钻头，并用专用钥匙将钻头紧固在卡头上。安装钻头时，不许用锤子或其他金属制品敲击，手拿电动工具时，必须握持工具的手柄，不要一边拉软导线一边搬动工具，要防止软导线被擦破、割破和被轧坏等。

（2）开始使用时，不要让手电钻接电源，应将其放在绝缘物上再接电源，用试电笔检查外壳是否带电；按一下开关，让电钻空转一下，检查转动是否正常，并再次验电。

（3）钻孔时不宜用力过大、过猛，以防止工具过载；转速明显降低时，应立即握稳手电钻，减少施加的压力；突然停止转动时，必须立即切断电源。

（4）较小的工件在被钻孔前必须先固定，这样才能保证钻孔时工件不随钻头旋转，保证作业者的安全。

（5）电源线和外壳接地线应用橡胶软线，外壳应可靠接地。操作人员应戴绝缘手套或穿绝缘鞋，并站在绝缘垫上或干燥的本板、木凳上。操作人员禁止戴线手套。

（6）外壳的通风口（孔）必须保持畅通，必须注意防止切屑等杂物进入机壳内。

手电钻是一种头部有钻头、内部装有单相换向器电动机，靠旋转来钻孔的手持式电动工具。手电钻的使用如图 2-16 所示。

图 2-15 手电钻实物图

图 2-16 手电钻的使用

2.1.9 冲击钻

冲击钻也是一种电动工具,其实物如图 2-17 所示。它具有两种功能:一是可作为普通电钻使用,使用时应把调节开关调到标记为"钻"的位置;二是可用来冲打砌块或砖墙等建筑面的膨胀螺钉孔和导线过墙孔,此时应调至标记为"锤"的位置。冲击钻采用旋转带冲击的工作方式,一般带有调节开关,当两节开关在旋转带冲击即"锤"的位置时,装有硬质合金的钻头,便能在混凝土和砖墙等建筑构件上钻孔。通常可冲直径为 6~16 mm 的圆孔。冲击钻的使用方法如图 2-18 所示。

图 2-17 冲击钻的实物图

图 2-18 冲击钻的使用

冲击钻使用时应注意以下几个问题:

(1) 长期放置不用的冲击钻,使用前必须用 500 V 兆欧表测定其相对绝缘电阻,其值应不低于 0.5 MΩ。

(2) 使用金属外壳冲击钻时,必须戴绝缘手套,穿绝缘鞋或站在绝缘板上,以确保操作人员的安全。

(3) 调速或调挡时,应使冲击钻停转后再进行。

(4) 钻孔时遇到坚实物不能加过大压力,以防钻头或冲击钻因过载而损坏。冲击钻因故突然停转时,应立即切断电源。

(5) 在钻孔时应经常把钻头从钻孔中拔出以便排除钻屑。

2.2 常用电工工具实训实施

2.2.1 实训内容

(1) 常用电工工具的认识。
(2) 常用电工工具的使用。

2.2.2 实训目标

(1) 熟悉常用电工工具的名称、作用。
(2) 学生常用电工工具的使用方法,会正确使用电工工具。

2.2.3 实训方案

指导老师进行演示项目并指导学生进行实际操作:
(1) 用螺丝刀固定自攻钉的方法。
(2) 用钢丝钳、尖嘴钳的剪切,弯绞导线的方法。
(3) 用电工刀、剥线钳进行剥剖导线方法。
(4) 手电钻使用方法。
(5) 冲击钻的使用方法。
(6) 验电笔的使用方法。
实施建议:教师可以设定小型配电盘或配电箱的安装,提高学生的实际应用能力。

2.3 实训思考题

(1) 使用低压验电器应注意什么?
(2) 怎样用电工刀剖削导线的绝缘层?
(3) 如何正确使用手电钻?
(4) 如何正确使用冲击钻?
拓展题:如何用低压验电笔来区别真正带电线路与感应电路?

实训 3　照明电路安装

3.1　照明电路安装相关知识

照明电路的组成包括电源的引入、单相电能表、漏电保护器、熔断器、插座、灯头、开关、照明灯具和各类电线及配件等。

3.1.1　照明开关和插座的接线

（1）照明开关是控制灯具的电气元件，起到控制照明电灯的亮与灭的作用（即接通或断开照明线路）。开关有明装和暗装之分，家用照明开关一般是暗装开关。开关的接线如图 3-1 所示。

注意：相线（火线）要进入开关，开关有一控、两控或三控，电源相线只进入一根。

（2）根据电源电压的不同，插座可分为三相四孔、单相三孔、二孔及五孔插座。家庭一般都是单相五孔插座，实验室一般要安装三相插座。根据安装形式不同，插座又可分为明装式和暗装式，家用插座一般都是暗装插座。单相两孔插座有横装和竖装两种。横装时，接线原则是左零右相；竖装时，接线原则是上相下零；单相三孔插座的接线原则是左零右相上接地（见图 3-2）。另外在接线时也可根据插座后面的标识，L 端接相线，N 端接零线，E 端接地线。

注意：根据标准规定，相线（火线）是红色线，零线（中性线）是黑色线，接地线是黄绿双色线。

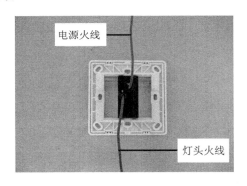

图 3-1　开关的接线

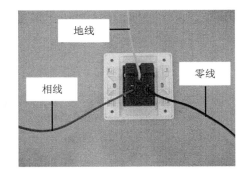

图 3-2　单相三孔插座的接线

3.1.2　照明开关和插座的安装

首先在准备安装开关和插座的地方钻孔，然后按照开关和插座的尺寸安装线盒，接着按接线要求，将盒内甩出的导线与开关、插座的面板连接好，将开关或插座推入盒内对正盒眼，用螺丝固定。固定时要使面板端正，并与墙面平齐。安装好的开关与插座如图 3-3、3-4 所示。

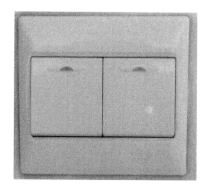

图 3-3　安装好的开关　　　　　图 3-4　安装好的插座

3.1.3　灯座灯头的安装

插口灯座上的两个接线端子,可任意连接零线和来自开关的相线;但是螺口灯座上的接线端子,必须把零线连接在连通螺纹圈的接线端子上,把来自开关的相线连接在连通中心铜簧片的接线端子上(见图3-5和图3-6)。

图 3-5　灯座的接线　　　　　图 3-6　灯座的固定

3.1.4　荧光灯的安装

荧光灯的镇流器有电感镇流器和电子镇流器两种。目前,许多荧光灯的镇流器都采用电子镇流器(见图3-7),电子镇流器具有高效节能、启动电压较宽、启动时间短(0.5 s)、无噪声、无频闪等优点,而电感镇流器逐渐被淘汰。电感镇流器荧光灯电路接线方式与电子镇流器接线方式不同,可以根据所选择的镇流器形式来选择不同的接线。电感镇流器接线原理如

图 3-7　采用电子镇流器的荧光灯

图3-8所示,电子镇流器接线原理如图3-9所示。

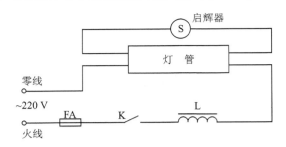

图3-8 电感镇流器荧光灯电路原理图

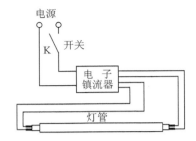

图3-9 电子镇流器的荧光灯电路原理图

荧光灯安装步骤如下:
(1) 根据采用电子镇流器(或电感镇流器)的荧光灯电路接线图将电源线接入荧光灯电路中。
(2) 将荧光灯的灯座固定在相应位置。
(3) 安装荧光灯灯管:先将灯管引脚插入有弹簧一端的灯脚内并用力推入,然后将另一端对准灯脚,利用弹簧的作用用力使其插入灯脚内。

3.1.5 漏电保护器(漏电断路器)的接线与安装

漏电保护器对电器设备的漏电电流极为敏感。当人体接触了漏电的用电器时,产生的漏电电流只要达到10~30 mA,就能使漏电保护器在极短的时间(如0.1 s)内跳闸并切断电源,有效地防止了触电事故的发生。漏电保护器还有断路器的功能,它可以在交、直流低压电路中手动或电动分合电路。

1. 漏电保护器的接线

电源进线必须接在漏电保护器的正上方,即外壳上标有"电源"或"进线"端;出线均接在下方,即标有"负载"或"出线"端。倘若把进线、出线接反了,将会导致保护器动作后烧毁线圈或影响保护器的接通、分断能力。漏电保护器接线如图3-10所示。

2. 漏电保护器的安装

(1) 漏电保护器应安装在进户线截面较小的配电盘上或照明配电箱内,且安装在电度表之后、熔断器之前。安装在配电盘上的漏电保护器如图3-11所示,漏电保护器电路符号如图3-12所示。

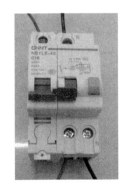

图3-10 漏电保护器的接线

(2) 所有照明线路导线(包括中性线),均必须通过漏电保护器,且中性线必须与地绝缘。
(3) 应垂直安装,倾斜度不得超过5°。
(4) 安装漏电保护器后,不能拆除单相闸刀开关或熔断器等。这样一是维修设备时有一个明显的断开点;二是刀闸或熔断器起着短路或过负荷保护作用。

实训 3　照明电路安装

图 3-11　配电盘上的漏电保护器

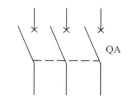

图 3-12　漏电保护器的符号

3.1.6　熔断器的安装

低压熔断器广泛用于低压供配电系统和控制系统中电路的短路保护,有时也可用于过负载保护。熔断器在使用时串联在被保护的电路中,当电路发生短路故障,通过熔断器的电流达到或超过某一规定值时,熔断器以其自身产生的热量使熔体熔断,从而自动切断电路,起到保护作用。低压熔断器接线如图 3-13 所示,其电路符号如图 3-14 所示。

图 3-13　低压熔断器及接线

图 3-14　低压熔断器的符号

熔断器的安装要点有:
(1) 安装熔断器时必须在断电情况下操作。
(2) 安装位置及相互间距应便于更换熔件。
(3) 应垂直安装,并能防止电弧飞溅到临近带电体上。
(4) 熔断器应安装在线路的各相线(火线)上,单相二线制的中性线上也应安装熔断器。

3.1.7　单相电能表的安装

电能表主要结构由电压线圈、电流线圈、转盘、转轴、制动磁铁、齿轮、计度器等组成。单相电能表一般是民用,接 220 V 电源。

电能表是利用电压和电流线圈在铝盘上产生的涡流与交变磁通相互作用产生电磁力,使铝盘转动,同时引入制动力矩,使铝盘转速与负载功率成正比,通过轴向齿轮传动,由计度器计算出转盘转数而测定出电能。电能表实物如图 3-15 所示。

图 3-15 电能表实物图

1. 单相电能表的接线

单相电能表接线盒里共有 4 个接线桩,从左至右按 1、2、3、4 编号。直接接线方法是将 1、3 接进线(1 接相线、3 接零线),2、4 接出线(2 接相线、4 接零线),如图 3-16 所示。

图 3-16 单相电能表的接线

注意:在具体接线时,应以电能表接线盒盖内侧的线路图为准。

2. 电能表的安装要点

(1) 电能表应安装在箱体内或涂有防潮漆的木制底盘、塑料底盘上。

(2) 为确保电能表的精度,安装时电能表的位置必须与地面保持垂直,其垂直方向的偏移不大于 1°。表箱的下沿离地高度应在 1.7～2 m 之间,暗式表箱下沿离地 1.5 m 左右。

(3) 单相电能表一般应装在配电盘的左边或上方,而开关应装在右边或下方。与上、下进线间的距离大约为 80 mm,与其他仪表左右距离大约为 60 mm。

(4) 电能表的安装部位,一般应在走廊、门厅、屋檐下,切忌安装在厨房、厕所等潮湿或有腐蚀性气体的地方。住宅多采用安装在走廊的集表箱。

(5) 电能表的进线、出线应使用铜芯绝缘线,线芯截面积不得小于 1.5 mm^2。接线要牢固,但不可焊接,裸露的线头部分不可露出接线盒。

(6) 由供电部门直接收取电费的电能表,一般由其指定部门验表,然后由验表部门在表头盒上封铅封或塑料封,安装完后,再由供电局直接在接线桩头盖上或计量柜门封上铅封或塑料封。未经允许,不得拆掉铅封。

3.1.8　照明电路安装要求

1. 照明电路安装的技术要求

(1) 灯具安装的高度。室外一般不低于 3 m,室内一般不低于 2.5 m。

(2) 照明电路应有短路保护。照明灯具的相线必须经开关控制,螺口灯头中心处应接相线,螺口部分与零线连接。不准将电线直接焊在照明灯的接点上使用。绝缘损坏的螺口灯头不得使用。

(3) 室内照明开关一般安装在门边便于操作的位置,拉线开关一般应离地 2~3 m,暗装翘板开关一般离地 1.3 m,与门框的距离一般为 0.15~0.20 m。

(4) 明装插座的安装高度一般应离地 1.3~1.5 m,暗装插座一般应离地 0.3 m;同一场所暗装的插座高度应一致,其高度相差一般应不大于 5 mm,多个插座成排安装时,其高度差应不大于 2 mm。

(5) 照明装置的接线必须牢固,接触良好。接线时,相线和零线要严格区别,将零线接灯头上,相线须经过开关再接到灯头。

(6) 应采用保护接地(接零)的灯具金属外壳,要与保护接地(接零)干线连接完好。

(7) 灯具安装应牢固,灯具质量超过 3 kg 时,必须固定在预埋的吊钩或螺栓上。软线吊灯的重量限于 1 kg 以下,超过时应加装吊链。固定灯具需要使用接线盒及木台等配件。

(8) 照明灯具需要用安全电压时,应采用双圈变压器或安全隔离变压器,严禁使用自耦(单圈)变压器。安全电压额定值的等级为 42 V、36 V、24 V、12 V、6 V。

(9) 灯架及管内不允许有接头。

(10) 导线在引入灯具处应有绝缘保护,以免磨损导线的绝缘,也不应使其承受额外的拉力;导线的分支及连接处应便于检查。

2. 照明电路安装的具体要求

(1) 布局:根据设计的照明电路图,确定各元器件安装的位置,且符合要求、布局合理、结构紧凑、控制方便、美观大方。

(2) 固定器件:将选择好的器件固定在网板上,排列各个器件时必须整齐。固定的时候,先对角固定,再两边固定。要求元器件固定可靠、牢固。

(3) 布线:先处理好导线,将导线拉直,消除弯、折,布线要横平竖直、整齐,转弯成直角,并做到高低一致或前后一致,少交叉,应尽量避免导线接头。多根导线并拢平行走。而且在走线的时候牢牢地记着"左零右火"的原则(即左边接零线,右边接火线)。

(4) 接线:由上至下,先串后并;接线正确、牢固,各接点不能松动,敷线平直整齐,无漏铜、反圈、压胶,每个接线端子上连接的导线根数一般不超过两根,绝缘性能好,外形美观。红色线接电源火线(L),黑色线接零线(N),黄绿双色线专作地线(PE);火线过开关,零线一般不进开关;电源火线进线接单相电能表端子"1",电源零线进线接端子"3",端子"2"为火线出线,端子"4"为零线出线。进出线应合理汇集在端子排上。

(5) 检查线路:用肉眼观看电路,看有没有接出多余线头。参照设计的照明电路安装图检查每条线是不是严格按要求来接的,每条线有没有接错位,注意电能表有无接反,漏电保护器、熔断器、开关、插座等元器件的接线是否正确。

(6) 通电:由电源端开始往负载按顺序送电,先合上漏电保护器开关,然后合上控制白炽灯的开关,白炽灯正常发亮;合上控制荧灯的开关,荧光灯正常发亮;电能表根据负载大小决定表盘转动快慢,负荷大时,表盘就转动快,用电就多。

(7) 故障排除:操作各功能开关时,若不符合要求,应立即断电,判断照明电路的故障可以用万用表欧姆挡检查线路,要注意人身安全和万用表挡位。

3.1.9 照明电路的常见故障

照明电路的常见故障主要有断路、短路和漏电三种。

1. 断　路

相线、零线均可能出现断路。断路故障发生后,负载将不能正常工作。三相四线制供电线路负载不平衡时,如零线断线会造成三相电压不平衡,负载大的一相相电压低,负载小的一相相电压增高,如负载是白炽灯,则会出现一相灯光暗淡,而接在另一相上的灯又变得很亮,同时零线断路负载侧将出现对地电压。

(1) 产生断路的原因:主要有熔丝熔断、线头松脱、断线、开关没有接通、铝线接头腐蚀等。

(2) 断路故障的检查:如果有多个灯泡接在电路中,若只有一个灯泡不亮而其他灯泡都亮,应首先检查不亮的灯泡的灯丝是否烧断;若灯丝未断,则应检查开关或灯头是否接触不良、断线等情况。为了尽快查出故障点,可以在接通电源的情况下,用验电器测灯座(灯头)的两极是否有电来判断电路的断开点。具体方法是:若用验电笔测量灯座的两极时,验电笔的氖管都不发光,说明相线断路;若用验电笔测量灯座的两极时,验电笔氖管都发光,则说明中性线(零线)断路;若用验电笔测量灯座的两极时一极验电笔氖管发光,另一极氖管不发光,说明灯泡的灯丝未接通。如果几盏电灯都不亮,应首先检查总保险是否熔断或总闸是否接通,也可按上述用验电器测灯座(灯头)的两极是否有电来判断电路的断开点方法判断故障。对于荧光灯电路来说,应增加启辉器好坏的检查。

2. 短　路

短路故障表现为熔断器熔丝爆断;短路点处有明显烧痕、绝缘碳化,严重时会使导线绝缘层烧焦甚至引起火灾。当发现短路打火或熔丝熔断时,应先查出发生短路的原因,找出短路故障点,处理后更换保险丝,恢复送电。

造成短路的原因有:

(1) 用电器具接线不好,以致接头碰在一起。

(2) 灯座或开关进水,螺口灯头内部松动或灯座顶芯歪斜并碰及螺口,造成内部短路。

(3) 导线绝缘层损坏或老化,并在零线和相线的绝缘处碰线。

3. 漏　电

漏电不但造成电力浪费,还可能造成人身触电伤亡事故。

产生漏电的主要原因有:相线绝缘损坏而接地、用电设备内部绝缘损坏使外壳带电等。

漏电故障的检查:漏电保护装置一般采用漏电保护器。当漏电电流超过整定电流值时,漏电保护器动作切断电路。若发现漏电保护器动作,则应查出漏电接地点并进行绝缘处理后再通电。照明线路的接地点多发生在穿墙部位和靠近墙壁或天花板等部位,查找接地点时,应注意查找这些部位。

(1) 判断是否漏电:在被检查建筑物的总开关上接一只电流表,接通全部电灯开关,取下所有灯,进行仔细观察。若电流表指针摇动,则说明漏电。指针偏转的多少,取决于电流表的灵敏度和漏电电流的大小。若偏转多则说明漏电大,确定漏电后可按下一步继续进行检查。

(2) 判断漏电类型:是火线与零线间的漏电,还是相线与大地间的漏电,或者是两者兼有。以接入电流表检查为例,切断零线,观察电流的变化:若电流表指示不变,是相线与大地之间漏电;若电流表指示为零,是相线与零线之间的漏电;若电流表指示变小但不为零,则表明相线与零线、相线与大地之间均有漏电。

(3) 确定漏电范围:取下分路熔断器或拉下开关刀闸,电流表若不变化,则表明是总线漏电;电流表指示为零,则表明是分路漏电;电流表指示变小但不为零,则表明总线与分路均有漏电。

(4) 找出漏电点:按前面介绍的方法确定漏电的分路或线段后,依次拉断该线路灯具的开关,当拉断某一开关时,电流表指针回零或变小,若回零则是这一分支线漏电,若变小则除该分支漏电外还有其他漏电处;若所有灯具开关都拉断后,电流表指针仍不变,则说明是该段干线漏电。

3.1.10 照明设备的常见故障及排除

1. 开关的常见故障及排除

开关的常见故障及排除如表 3-1 所列。

表 3-1 开关常见故障及排除方法

故障现象	产生原因	排除方法
开关操作后电路不通	接线螺丝松脱,导线与开关导体不能接触	打开开关,紧固接线螺丝
	内部有杂物,使开关触片不能接触	打开开关,清除杂物
	机械卡死,拨不动	给机械部位加润滑油,机械部分损坏严重时,应更换开关
接触不良	压线螺丝松脱	打开开关盖,压紧接线螺丝
	开关触头上有污物	断电后,清除污物
	拉线开关触头磨损、打滑或烧毛	断电后修理或更换开关
开关烧坏	负载短路	处理短路点,并恢复供电
	长期过载	减轻负载或更换容量大一级的开关
漏电	开关防护盖损坏或开关内部接线头外露	重新配全开关盖,并接好开关的电源连接线
	受潮或受雨淋	断电后进行烘干处理,并加装防雨措施

2. 插座的常见故障及排除

插座的常见故障及排除如表 3-2 所列。

表3－2　插座常见故障及排除方法

故障现象	产生原因	排除方法
插头插上后不通电或接触不良	插头压线螺丝松动,连接导线与插头片接触不良	打开插头,重新压接导线与插头的连接螺丝
	插头根部电源线在绝缘皮内部折断,造成时通时断	剪断插头端部一段导线,重新连接
	插座口过松或插座触片位置偏移,使插头接触不上	断电后,将插座触片收拢一些,使其与插头接触良好
	插座引线与插座压线导线螺丝松开,引起接触不良	重新连接插座电源线,并旋紧螺丝
插座烧坏	插座长期过载	减轻负载或更换容量大的插座
	插座连接线处接触不良	紧固螺丝,使导线与触片连接好并清除生锈物
	插座局部漏电引起短路	更换插座
插座短路	导线接头有毛刺,在插座内松脱引起短路	重新连接导线与插座,在接线时要注意将接线毛刺清除
	插座的两插口相距过近,插头插入后碰连引起短路	断电后,打开插座修理
	插头内部接线螺丝脱落引起短路	重新把紧固螺丝旋进螺母位置,固定紧
	插头负载端短路,插头插入后引起弧光短路	消除负载短路故障后,断电更换同型号的插座

3．荧光灯的常见故障及排除

荧光灯的常见故障及排除如表3－3所列。

表3－3　荧光灯常见故障及排除方法

故障现象	产生原因	排除方法
荧光灯不能发光	停电或保险丝烧断导致无电源	找出断电原因,检修好故障后恢复送电
	灯管漏气或灯丝断	用万用表检查或观察荧光粉是否变色,如确认灯管坏,可换新灯管
	电源电压过低	不必修理
	新装荧光灯接线错误	检查线路,重新接线
	电子镇流器整流桥开路	更换整流桥
荧光灯灯光抖动或两端发红	接线错误或灯座灯脚松动	检查线路或修理灯座
	电子镇流器谐振电容器容量不足或开路	更换谐振电容器
	灯管老化,灯丝上的电子发射将尽,放电作用降低	更换灯管
	电源电压过低或线路电压降过大	升高电压或加粗导线
	气温过低	用热毛巾对灯管加热

续表 3-3

故障现象	产生原因	排除方法
灯光闪烁或管内有螺旋滚动光带	电子镇流器的大功率晶体管开焊接触不良或整流桥接触不良	重新焊接
	新灯管暂时现象	使用一段时间,会自行消失
	灯管质量差	更换灯管
灯管两端发黑	灯管老化	更换灯管
	电源电压过高	调整电源电压至额定电压
	灯管内水银凝结	灯管工作后即能蒸发或将灯管旋转180°
灯管光度降低或色彩转差	灯管老化	更换灯管
	灯管上积垢太多	清除灯管积垢
	气温过低或灯管处于冷风直吹位置	采取避风措施
	电源电压过低或线路电压降得太大	调整电压或加粗导线
灯管寿命短或发光后立即熄灭	开关次数过多	减少不必要的开关次数
	新装灯管接线错误将灯管烧坏	检修线路,改正接线
	电源电压过高	调整电源电压
	受剧烈振动,使灯丝振断	调整安装位置或更换灯管
断电后灯管仍发微光	荧光粉余辉特性	过一会将自行消失
	开关接到了零线上	将开关改接至相线上
灯管不亮,灯丝发红	高频振荡电路不正常	检查高频振荡电路,重点检查谐振电容器

4. 白炽灯常见故障及排除方法

白炽灯常见故障及排除方法如表 3-4 所列。

表 3-4 白炽灯常见故障及排除方法

故障现象	产生原因	排除方法
照明灯不亮	照明灯钨丝烧断	更换照明灯
	灯座或开关触点接触不良	把接触不良的触点修复,无法修复时,应更换完好的触点
	停电或电路开路	修复线路
	电源熔断器熔丝烧断	检查熔丝烧断的原因并更换新熔丝
照明灯强烈发光后瞬时烧毁	灯丝局部短路(俗称搭丝)	更换照明灯
	灯泡额定电压低于电源电压	换用额定电压与电源电压一致的照明灯
灯光忽亮忽暗,或忽亮忽熄	灯座或开关触点(或接线)松动,或因表面存在氧化层(铝质导线、触点易出现)	修复松动的触头或接线,去除氧化层后重新接线,或去除触点的氧化层
	电源电压波动(通常附近有大容量负载经常启动引起的)	更换配电所变压器,增加容量
	熔断器熔丝接头接触不良	重新安装,或加固压紧螺钉
	导线连接处松散	重新连接导线

续表 3-4

故障现象	产生原因	排除方法
开关合上后熔断器熔丝烧断	灯座或挂线盒连接处两线头短路	重新接线头
	螺口灯座内中心铜片与螺旋铜圈相碰、短路	检查灯座并扳准中心铜片
	熔丝太细	正确选配熔丝规格
	线路短路	修复线路
	用电器发生短路	检查用电器并修复
灯光暗淡	照明灯内钨丝挥发后积聚在玻璃壳内表面,透光度降低,同时由于钨丝挥发后变细,电阻增大,电流减小,光通量减小	正常现象
	灯座、开关或导线对地严重漏电	更换完好的灯座、开关或导线
	灯座、开关接触不良,或导线连接处接触电阻增加	修复、接触不良的触点,重新连接接头
	线路导线太长太细,线路压降太大	缩短线路长度,或更换较大截面的导线
	电源电压过低	调整电源电压

5. 漏电保护器的常见故障分析

漏电保护器的常见故障有拒动作和误动作。拒动作是指线路或设备已发生预期的触电或漏电时漏电保护装置拒绝动作;误动作是指线路或设备未发生触电或漏电时漏电保护装置的动作。故障及产生原因如表 3-5 所列。

表 3-5 漏电保护器常见故障及产生原因

故障现象	产生原因
拒动作	漏电动作电流选择不当。选用的保护器动作电流过大或整定过大,而实际产生的漏电值没有达到规定值,使保护器拒动作
	接线错误。在漏电保护器后,如果把保护线(即 PE 线)与中性线(N 线)接在一起,发生漏电时,漏电保护器将拒动作
	产品质量差,零序电流互感器二次电路断路、脱扣元件故障
	线路绝缘阻抗降低,线路由于部分电击电流不沿配电网工作接地,或漏电保护器前方的绝缘阻抗而沿漏电保护器后方的绝缘阻抗流经保护器返回电源
误动作	接线错误,误把保护线(PE 线)与中性线(N 线)接反
	在照明和动力合用的三相四线制电路中,错误地选用三极漏电保护器,负载的中性线直接接在漏电保护器的电源侧
	漏电保护器后方有中性线与其他回路的中性线连接或接地,或后方有相线与其他回路的同相相线连接,接通负载时会造成漏电保护器误动作

续表 3-5

故障现象	产生原因
误动作	漏电保护器附近有大功率电器,当其开合时产生电磁干扰,或附近装有磁性元件或较大的导磁体,在互感器铁芯中产生附加磁通量而导致误动作
	当同一回路的各相不同步合闸时,先合闸的一相可能产生足够大的泄漏电流
	漏电保护器质量低劣,元件质量不高或装配质量不好,降低了漏电保护器的可靠性和稳定性,导致误动作
	环境温度、相对湿度、机械振动等超过漏电保护器设计条件。

6. 熔断器的常见故障及排除方法

熔断器的常见故障及排除方法如表 3-6 所列。

表 3-6 熔断器常见故障及排除方法

故障现象	产生原因	排除方法
通电瞬间熔体熔断	熔体安装时受机械损伤严重	更换熔丝
	负载侧短路或接地	排除负载故障
	熔丝电流等级选择太小	更换熔丝
熔丝未断但电路不通	熔丝两端或两端导线接触不良	重新连接
	熔断器的端帽未拧紧	拧紧端帽

7. 单相电能表的常见故障及排除方法

单相电能表的常见故障及排除方法如表 3-7 所列。

表 3-7 单相电能表常见故障及排除方法

故障现象	产生原因	排除方法
电能表不转或反转	电能表的电压线圈端子的小连接片未接通电源	打开电能表接线盒,查看电压线圈的小钩子是否与进线火线连接,未连接时要重新接好
	电能表安装倾斜	重新校正电能表的安装位置
	电能表的进出线相互接错引起倒转	电能表应按接线盒背面的线路图正确接线

3.2　照明电路安装实训实施

3.2.1　实训内容

（1）认识常用低压照明器件。
（2）学会常用低压照明器件的使用方法与端子接线。

3.2.2　实训目标

（1）了解国家对室内照明电路配线的要求与规定;掌握室内配线的一般要求和工序。
（2）掌握照明电路与插座的安装与维修。

(3) 学会进行家用装修配电线路施工与设计。

3.2.3 实训方案

1. 设计照明电路的平面布置图

实际照明电路应根据施工现场实际情况来设计与分布,在实训中学生可以根据实际电路设计,有些实训教室中安装有网孔板。照明电路的平面布置如图 3-17 所示,照明电路的原理如图 3-18 所示。

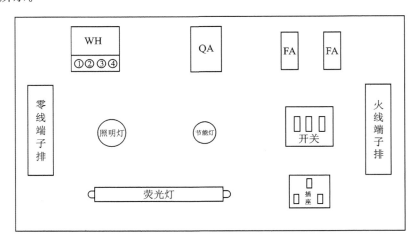

WH—电能表;QA—漏电保护器;FA—熔断器

图 3-17 照明电路的平面布置图

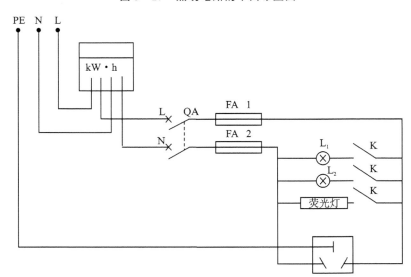

图 3-18 照明电路的原理图

2. 接线与调试

根据所设计的电路平面布置与原理图来完成接线与调试工作任务。

(1) 根据电路原理图,检验元件质量与数量是否符合要求。

(2) 根据元件布置图在木制板或网孔板上合理固定元件。
(3) 按原理图或接线图进行接线。
(4) 对照原理图进行检验。
(5) 用万用表检测接线的正确性,防止短路现象发生。
(6) 通电测试。根据实际情况进行故障分析与排除,或由指导教师设置故障,学生进行排队故障操作。

照明电路的接线如图 3-19 所示。

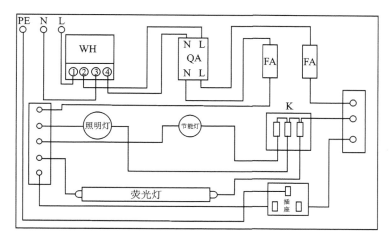

图 3-19 照明电路的接线图

3. 工艺要求

(1) 元器件布置合理、匀称、安装可靠,便于走线。
(2) 接线规范且正确,无接点松动、露铜、压绝缘层等现象。
(3) 实训过程中接线仔细认真,电路发生故障时,应先切断电源再进行检修。

3.3 实训思考题

(1) 分析通电后荧光灯不亮的原因有哪些?
(2) 电能表用于测量什么电量?一般单相电能表接线方法是怎样的?
(3) 漏电保护器与空气开关的区别有哪些?
(4) 漏电保护器应用时应注意哪些事项?

拓展训练:利用单开双控开关进行一个灯的两地控制,比如卧室灯既可以在进门的门旁控制,也可以在床头控制。

实训 4　常用的低压控制电器

4.1　低压控制电器相关知识

4.1.1　低压断路器

1. 低压断路器的识别

低压断路器(曾称自动空气开关)是一种不仅可以接通和分断正常负荷电流和过负荷电流,还可以接通和分断短路电流的开关电器。低压断路器在电路中除起控制作用外,还具有一定的保护功能,如过负荷、短路、欠压和漏电保护等。低压断路器的分类方式很多,按使用类别分,有选择型(保护装置参数可调)和非选择型(保护装置参数不可调);按灭弧介质分,有空气式和真空式(目前国产多为空气式)。低压断路器容量范围很大,最小为 4 A,最大可达 5 000 A。低压断路器广泛应用于低压配电系统各级馈出线,各种机械设备的电源控制和用电终端的控制及保护。低压断路器实物如图 4-1 所示,断路器的电气符号原理如图 4-2 所示。

塑料外壳式断路器

漏电保护断路器

三相断路器

单相断路器

低压移开式断路器

图 4-1　低压断路器实物图

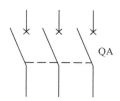

图 4-2　低压断路器的电气符号原理图

2. 低压断路器的选择

（1）在电气设备控制系统中，常选用塑料外壳式或漏电保护断路器；在电力网主干线路中主要选用框架式断路器；而在建筑物的配电系统中则一般采用漏电保护断路器。

（2）断路器的额定电压和额定电流应不小于电路的额定电压和最大工作电流。

（3）低压断路器用于电动机保护时，一般电磁脱扣器的瞬时脱扣器整定电流应为电动机启动电流的 1.7 倍。

（4）选用低压断路器作多台电动机短路保护时，一般电磁脱扣器的整定电流为容量最大的一台电动机启动电流的 1.3 倍再加上其余电动机额定电流。

（5）用于分断或接通电路时，其额定电流和热脱扣器的整定电流均应等于或大于电路中负荷额定电流的 2 倍。

（6）选择低压断路器时，在类型、等级、规格等方面要配合上、下级开关的保护特性，不允许因下级保护失灵导致上级跳闸，扩大停电范围。

3. 低压断路器的安装

（1）安装前应用 500 V 绝缘电阻表检查断路器的绝缘电阻。在周围介质温度为 20 ℃±5 ℃ 和相对湿度为 50%～70% 时应不小于 10 MΩ，否则应烘干。

（2）低压断路器在闭合和断开过程中，其可动部件与灭弧室的零件应无卡阻现象。

（3）电源引线应接到标有"LINE"标志或"1,3,5"接线端上，出线端接在"LOAD"或"2,4,6"接线端子上。

（4）安装低压断路器时，应将脱扣器电磁铁工作面的防锈油擦去，以免影响电磁机构的动作值。

（5）应垂直安装在配电板上，底板结构必须平整，否则旋紧安装螺钉时，可能会损坏断路器外壳。电源进线必须接在开关灭弧室侧的接线端上。为保证检修安全，应在低压断路器上方串接有明显断开点的刀开关或熔断器。

（6）安装时应保证外装灭弧室至相邻电器的导电部分和接地部分之间的安全距离。

（7）不应漏装断路器附有的隔弧板，装上后方可投入运行，以防止切断电路产生电弧时引起相间短路。

（8）在进行电气连接时，电路中应无电压。被连接的母线或电缆应接近低压断路器接线处加以紧固，以免各种机械和负载的电动力传递到断路器上。

（9）有些塑料外壳式断路器，只有取下盖子才能安装，安装时不要旋动开关内部的调整螺钉，以免影响脱扣器的动作特性而发生误动作。

（10）安装完毕后，应使用手柄或其他传动装置检查断路器工作的准确性和可靠性。如检查失压、分励及过电流脱扣器能否在规定的动作范围内使断路器断开；检查电磁操作的断路器能否在规定的动作值范围内使断路器可靠地闭合。断路器安装如图4-3所示。

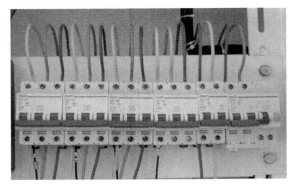

图4-3 低压断路器的安装

注意:断路器的底板应垂直于水平位置,固定后应保持平整,倾斜度不大于5°;有接地螺钉的断路器应可靠连接地线;具有半导体脱扣装置的断路器,其接线端应符合相序要求,脱扣装置的端子应可靠连接。

4.1.2 熔断器

1. 熔断器的识别

熔断器是指当电流超过规定值时,以本身产生的热量使熔体熔断,断开电路的一种电器。熔断器是根据电流超过规定值一段时间后,以其自身产生的热量使熔体熔化,从而使电路断开的原理制成的一种电流保护器。熔断器广泛应用于高低压配电系统和控制系统以及用电设备中,作为短路和过电流的保护器,是应用最普遍的保护器件之一。熔断器实物如图4-4所示。

   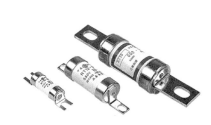

RT14系列圆筒形帽熔断器　　RL1螺旋式熔断器　　RS14快速熔断器　　RT12型螺栓连接熔断器

图4-4 熔断器

2. 熔断器的选择

(1) 根据被保护负载的性质和短路电流的大小,选择具有相应分断能力的熔断器。

(2) 在选用熔断器的具体参数时,应使熔断器的额定电压大于或等于被保护电路的工作电压;其额定电流大于或等于所装熔体的额定电流。

(3) 熔体的额定电流是指相当长时间流过熔体而不熔断的电流。额定电流值的大小,与熔体线径粗细有关,熔体线径越粗的额定电流值越大。一般首先选择熔体的规格,再根据熔体的规格来确定熔断器的规格。

(4) 根据安装场所选用适应的熔断器,在经常发生故障处可选用可拆式熔断器,如RL、RM系列;易燃易爆或有毒气的地方选用封闭式熔断器。

3. 熔断器的安装

(1) 安装熔断器时必须在断电情况下操作。

(2) 安装位置及相互间距应便于更换熔件。

(3) 应垂直安装,并应能防止电弧飞溅到临近带电体上。

(4) 安装螺旋式熔断器时,螺旋式熔断器在接线时,为了更换熔断管时安全,下接线端应接电源,而连螺口的上接线端应接负荷。必须注意将电源线接到瓷底座的下接线端,以保证安全。

(5) 瓷插式熔断器安装熔丝时,熔丝应顺着螺钉旋紧方向绕过去,同时注意不要划伤熔丝,也不要把熔丝绷紧,以免减小熔丝截面尺寸或拉断熔丝。

(6) 有熔断指示的熔管,其指示器方向应装在便于观察侧。

(7) 二次回路用的管型熔断器,如其固定触头的弹簧片突出底座侧面时,熔断器间应加绝缘片,防止两相邻熔断器的熔体熔断时造成短路。

(8) 熔断器应安装在线路的各相线(火线)上,在三相四线制的中性线上严禁安装熔断器;单相二线制的中性线上应安装熔断器。熔断器安装图如图4-5所示。

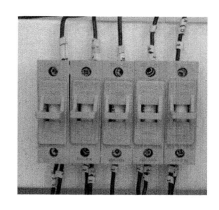

图4-5 熔断器的安装

4.1.3 交流接触器

1. 交流接触器的识别

交流接触器常采用双断口电动灭弧、纵缝灭弧和栅片灭弧三种灭弧方法。用以消除动、静触头在分、合过程中产生的电弧。容量在10 A以上的接触器都有灭弧装置。交流接触器还有反作用弹簧、缓冲弹簧、触头压力弹簧、传动机构、底座及接线柱等辅助部件。交流接触器实物如图4-6所示。

交流接触器的工作原理是利用电磁力与弹簧弹力相配合,实现触头的接通和分断的。交流接触器有两种工作状态:失电状态(释放状态)和得电状态(动作状态)。当吸引线圈通电后,使静铁芯产生电磁吸力,衔铁被吸合,与衔铁相连的连杆带动触头动作,使常闭触头断接触器处于得电状态;当吸引线圈断电时,电磁吸力消失,衔铁再复开,使常开触头闭合,在弹簧作用下释放,所有触头随之复位,接触器处于失电状态。交流接触器元件符号如图4-7所示。

2. 交流接触器线圈和触点对的判断方法

(1) 交流接触器线圈的判断方法:首先将指针式万用表拨至"R×100"挡,调零;或将数字万用表拨至2k挡。然后通过表笔接触线圈螺钉A1、A2,测量电磁线圈电阻,若为零,说明短路;若为无穷大,说明开路;若测得电阻为几百欧左右,则正常(见图4-8)。

图 4-6 交流接触器实物图

主触头　　动合辅助触头　　动断辅助触头　　线圈

图 4-7 接触器的图形符号

(2) 交流接触器触点对的判断方法:首先将指针式万用表拨至"R×100"挡,调零,或将数字万用表拨至电阻挡;然后用万用表的两表笔点接触任意一对触点的接线柱,若指针为零,则可能是(动断)常闭触点,按下常闭触点对后,表针应由零回到无穷大(见图 4-9);若指针不动,则可能是(动合)常开触点,当按下机械按键,模拟接触器通电,表针随即指向零,可确认这对触点是常开触点对(见图 4-10)。

3. 交流接触器的选择

(1) 交流接触器的触点数量应满足控制支路数的要求,触点类型应满足控制线路的功能要求。

(2) 接触器主触点额定电流大于等于负载回路额定电流;接触器主触点额定电压应大于等于负载回路额定电压。

实训 4　常用的低压控制电器

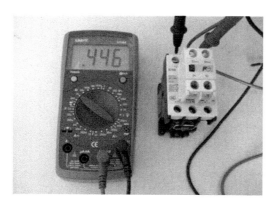

图 4-8　交流接触器线圈的判断

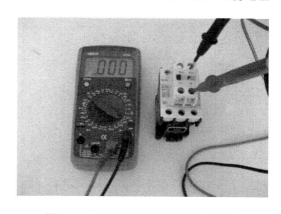

图 4-9　交流接触器常闭触点的判断

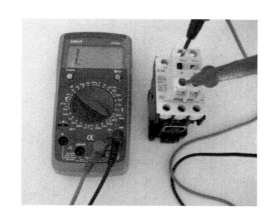

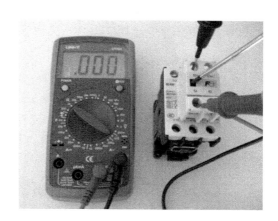

图 4-10　交流接触器常开触点的判断

（3）接触器的线圈应根据电磁线圈的额定电压选择。从人身与设备安全考虑，可选择低些，当控制线路简单，用电不多时，为节省变压器，可选 220 V 或 380 V 电压。

4．交流接触器的安装

（1）交流接触器安装前应先检查线圈的额定电压等技术数据是否与实际使用相符，判断线圈是否正常、各触点对是常开触点还是常闭触点。

（2）安装与接线时，应注意勿使螺钉、垫圈、接线头等零件掉落，以免落入交流接触器内部造成卡住或短路现象；将螺钉拧紧，以免振动松脱。

（3）交流接触器应垂直安装，交流接触器底面与地面的倾斜度应不大于 5°，安装位置不得受到剧烈振动，安装必须固定可靠。连接电路的导线必须排列整齐、规范。

（4）安装后必须检查接线是否正确，应在主触头不带电的情况下，先使吸引线圈通电分合数次，检查主触头动作是否到位，铁芯吸合后有无噪声，然后才能投入使用。交流接触器安装实物如图 4-11 所示。

图 4-11 交流接触器的安装实物图

4.1.4 组合开关(万能转换开关)

1. 组合开关的识别

组合开关主要适用于交流 50 Hz、额定工作电压 380 V 及以下、直流电压 220 V 及以下、额定电流 5~160 A 的电气线路中。组合开关主要用于各种控制线路的转换、电压表、电流表的换相测量控制、配电装置线路的转换和遥控等。组合开关还可以用于直接控制小容量电动机的启动、调速和换向。组合开关实物如图 4-12 所示,组合开关的符号如图 4-13 所示,组合开关的安装实物如图 4-14 所示。

LW5D万能转换开关　　LW8万能转换开关　　HZ5B组合开关

图 4-12 组合开关

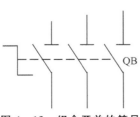

图 4-13 组合开关的符号

图 4-14 组合开关的安装

2. 组合开关的结构与工作原理

组合开关是多组相同结构的触点组件叠装而成的多回路控制电器,它由操作机构、定位装置、触点、接触系统、转轴、手柄等部件组成。

触点在绝缘基座内为双断点触头桥式结构,动触点设计成自动调整式以保证通断时的同步性;静触点装在触点座内,使用时依靠凸轮和支架进行操作,控制触点的闭合和断开。

操作时是用手柄带动转轴和凸轮推动触头接通或断开。由于凸轮的形状不同,当手柄处在不同位置时,触头的吻合情况不同,从而达到转换电路的目的。

常用产品有LW5和LW6系列。LW5系列可控制5.5 kW及以下的小容量电动机;LW6系列只能控制2.2 kW及以下的小容量电动机。用于可逆运行控制时,只有在电动机停止后才允许反向启动。LW5系列组合开关按手柄的操作方式可分为自复式和自定位式两种。所谓自复式是指用手拨动手柄于某一挡位时,手松开后,手柄自动返回原位;定位式则是指手柄被置于某挡位时,不能自动返回原位而停在该挡位。

组合开关的手柄操作位置是以角度表示的。相同型号的组合开关,手柄在不同位置时,触点的状态不同;不同型号的组合开关,虽然手柄位置相同,但触点状态不一定相同。在实际电路图中,不仅需要画出触点的实际接线,还要画出该触点在万能转换开关的哪个位置触点闭合,在哪个位置触点断开,或者给出该组合开关的触点闭合表。如图4-15所示为某组合开关的触点闭合图和触点闭合表,在触点闭合图中,"左"表示万能转换开关打至左45°位置,"右"表示组合开关打至右45°位置,"0"表示组合开关打至0°位置。当组合开关打至某一位置时,若相应的触点闭合,就在该位置的触点位置画上"·"或"×",如果触点断开,则不做任何标记。例如图4-15中,1-2这对触点在"0"画"·"表示这对触点在"0"位置时闭合;而3-4这对触点在右45°时闭合;5-6触点只有在0°位置时断开,而在左右45°时触点均闭合;7-8这对触点在左45°时闭合。触点闭合表作用与触点闭合图功能相同,所表示的意义相同,只是触点闭合图应用在电路图中,而触点闭合表则应用在产品说明书或图纸中的说明栏中。

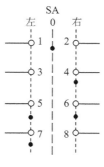

触点	位置		
	左	0	右
1-2		×	
3-4			×
5-6	×		×
7-8	×		

(a) 触点闭合图　　(b) 触点闭合表

图4-15　某组合开关的触点闭合图和触点闭合表

3. 组合开关的选择

(1) 选用组合开关时,应根据电源种类、电压等级、所需触点数及电动机的容量选用,开关的额定电流一般取电动机额定电流的1.5~2倍。

(2) 用于一般照明、电热电路,其额定电流应大于或等于被控电路的负荷电流总和。

(3) 当用作设备电源引入开关时,其额定电流稍大于或等于被控电路的负荷电流总和。

(4) 当用于直接控制电动机时,其额定电流一般可取电动机额定电流的 2~3 倍。

4. 组合开关的安装

(1) 安装组合开关时应使手柄保持平行于安装面。

(2) 组合开关须安装在控制箱内时,其操作手柄最好伸出在控制箱的前面或侧面,应使手柄在水平旋转位置时为断开状态。组合开关最好装在箱内右上方,而且在其上方不宜安装其他电器,否则应采取隔离或绝缘措施。

4.1.5 按钮开关和指示灯

1. 按钮开关和指示灯的识别

按钮开关是指利用按钮推动传动机构,使动触点与静触点接通或断开并实现电路换接的开关。按钮开关是一种结构简单,应用十分广泛的主令电器。

在电气自动控制电路中,用于手动发出控制信号以控制接触器、继电器、电磁启动器等。

按钮开关的结构种类很多,可分为普通按钮式、蘑菇头式、自锁式、自复位式、旋柄式、带指示灯式、带灯符号式及钥匙式等,有单钮、双钮、三钮及不同组合形式。一般采用积木式结构,由按钮帽、复位弹簧、桥式触头和外壳等组成,通常做成复合式,有一对常闭触头和常开触头,有的产品可通过多个元件的串联增加触头对数。还有一种自持式按钮,按下后即可自动保持闭合位置,断电后才能打开。

按钮开关可以完成启动、停止、正反转、变速以及互锁等基本控制。通常每一个按钮开关有两对触点。每对触点由一个常开触点和一个常闭触点组成。当按下按钮,两对触点同时动作,常闭触点断开,常开触点闭合。

为了标明各个按钮的作用,避免误操作,通常将按钮帽做成不同的颜色,以示区别。其颜色有红、绿、黑、黄、蓝、白等。如红色表示停止按钮,绿色表示启动按钮等。按钮开关实物如图 4-16 所示,按钮开关电路符号如图 4-17 所示。

图 4-16 按钮实物图

指示灯是灯光监视电路和电气设备工作或位置状态的器件。指示灯通常用于反映电路的工作状态(有电或无电)、电气设备的工作状态(运行、停运或试验)和开关位置状态(闭合或断开)等。

使用照明灯为光源的指示灯由灯头、灯泡、灯罩和连接导线等组成,亦有使用发光二极管作指示灯的,一般装设在高、低压配电装置的屏、盘、台、柜的面板上,或装设在某些低压电气设

(a) 启动按钮　　　　(b) 停止按钮　　　　(c) 复合按钮

图 4-17　按钮符号

备、仪器的盘面上或其他比较醒目的位置上。反映设备工作状态的指示灯,通常以红灯亮表示处于运行工作状态,绿灯亮表示处于停运状态,乳白色灯亮表示处于试验状态;反映设备位置状态的指示灯,通常以灯亮表示设备带电,灯灭表示设备失电;反映电路工作状态的指示灯,通常红灯亮表示带电,绿灯亮表示无电。为避免误判断,运行中要经常或定期检查灯泡或发光二极管是否完好。

指示灯的额定工作电压有 220 V、110 V、48 V、36 V、24 V、12 V、6 V、3 V 等。指示灯受控制电路通过电流大小的限制,同时也为了延长灯泡的使用寿命,常采取在灯泡前加一限流电阻或用两只灯泡串联使用,以降低工作电压。指示灯实物如图 4-18 所示。

图 4-18　指示灯实物图

2. 按钮开关和指示灯的选择

(1) 根据使用场合,选择按钮开关的种类,如开启式、保护式、防水式和防腐式等。

(2) 根据用途,选用合适的形式,如手把旋钮式、钥匙式、紧急式和带灯式等。

(3) 按控制回路的需要,确定不同按钮数,如单钮、双钮、三钮和多钮等。

(4) 按工作状态指示和工作情况要求,选择按钮开关和指示灯的颜色(参照国家有关标准)。

3. 按钮开关和指示灯的安装

(1) 按钮开关和指示灯安装在面板上时,应布置合理,排列整齐。可根据生产机械或机床启动、工作的先后顺序,从上到下或从左至右依次排列。如果它们有几种工作状态,如上、下,前、后,左、右,松、紧等,应使每一组正反状态的按钮安装在一起。

(2) 在面板上固定按钮和指示灯时安装应牢固,停止按钮用红色,启动按钮用绿色或黑色,按钮较多时,应在显眼且便于操作处用红色蘑菇头设置总停按钮,以应付紧急情况。按钮开关和指示灯的安装如图 4-19 所示。

图 4-19 按钮开关和指示灯的安装

4.1.6 热继电器

1. 热继电器的识别

热继电器是由流入热元件的电流产生热量,使有不同膨胀系数的双金属片发生形变,当形变达到一定距离时,就推动连杆动作,使控制电路断开,从而使接触器失电,主电路断开,实现电动机的过载保护。

热继电器作为电动机的过载保护元件,以体积小、结构简单、成本低等优点在生产中得到了广泛应用。热继电器在实际应用中,根据环境不同以及额定电流不同有很多种不同型号。这里我们只列举了常用的 NR3 型、JRS1 型及 JR20 型等三种型号。热继电器实物如图 4-20 所示,热继电器的电路符号如图 4-21 所示。

热继电器由发热元件、双金属片、触点及一套传动和调整机构组成。图 4-22 为继电器内部结构原理图,发热元件是一段阻值不大的电阻丝,串接在被保护电动机的主电路中。双金属片由两种不同热膨胀系数的金属片辗压而成。图 4-22 中所示的双金属片,左侧金属片的热膨胀系数大,右侧金属片的热膨胀系数小。当电动机过载时,通过发热元件的电流超过整定电流,双金属片受热向右弯曲导板一起向右运动,通过传动机构,使热继电器的常闭触点断开。由于常闭触点是接在电动机的控制电路中的,它的断开会使得与其相接的接触器线圈断电,从而接触器主触点断开,从而接触器主触点断开,电动机的主电路断电,实现过载保护。

热继电器动作后,双金属片经过一段时间冷却,按下复位按钮即可复位。热继电器上还有个测试杆,当人工将测试杆向右运动时,可以使热继电器的常闭触点断开,同时常开触点闭合,使电动机断电,此功能可定期测试热继电器是否能可靠动作。人工测试后,也需要按下复位按钮或复位。调节整定旋钮可以调整导板使机构动作的行程,从而达到调整热继电器动作电流的目的。

2. 热继电器的选择

(1) 类型选用:一般热继电器用于轻载启动。长期工作的电动机或间断长期工作的电动机,可选用两相保护式热继电器,当电源电压均衡性和工作条件较差的可选用三相保护式热继电器,对于定子绕组为三角形接线的电动机,可选用带断相保护装置的三相热继电器。

(2) 额定电流或发热元件的整定电流,均应大于电动机或保护用电设备的额定电流,热继电器中热元件的额定电流可按被保护电动机额定电流的 1~1.5 倍选择。当电动机启动时间不超过 5 s 时,发热元件的整定电流可以与电动机的额定电流相等。若在电动机频繁启动、正反转、启动时间较长或带有冲击性负载等情况下,发热元件的整定电流应超过电动机或其他用电设备额定电流的 10%~50%。

实训 4　常用的低压控制电器

NR3热继电器

JRS1热过载继电器

JR20热继电器

图 4-20　热继电器

图 4-21　热继电器的符号

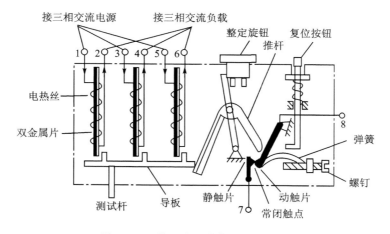

图 4-22　热继电器内部结构原理图

3. 热继电器的安装

（1）安装前应核对热继电器各项技术数据是否满足被保护电路的要求，检查热继电器是否完好，各动作部分是否灵活，并清除触头表面的污物。

（2）连接热继电器的导线线径粗细要适当，过粗时导热性能太好会使动作滞后，过细则导热性能差会使动作提前。一般规定：额定电流为 10 A 的热继电器，宜选用 2.5 mm² 的单股铜芯塑料导线；额定电流为 20 A 的热继电器，宜选用 4 mm² 的单股铜芯塑料导线；额定电流为 60 A 的热继电器，宜选用 16 mm² 的多股铜芯塑料导线；额定电流为 150 A 的热继电器，宜选用 35 mm² 的多股铜芯塑料导线。导线与接线螺钉应牢固可靠。

（3）热继电器必须安装在其他用电设备的下方，(见图4-23)，以免受到其他用电设备发热的影响。

图4-23　热继电器的安装

4.1.7　中间继电器

1. 中间继电器的识别

中间继电器用于继电保护和自动控制系统中，以增加触点的数量及容量，在控制电路中传递中间信号。中间继电器的结构和原理与交流接触器基本相同，主要区别在于交流接触器的主触头可以通过大电流，而中间继电器的触头只能通过小电流。所以，中间继电器只能用于控制电路中。因为过载能力比较小，它一般没有主触点，全部都是辅助触头，且数量比较多。新国标对中间继电器的文字符号是KF，旧国标是KA。中间继电器一般由直流电源供电，少数使用交流供电。中间继电器如图4-24所示，其电路符号如图4-25所示。

图4-24　中间继电器

图4-25　中间继电器的电路符号

2. 中间继电器的选择

中间继电器的选择应根据被控制电路的电压等级、所需触点的数量和种类以及容量等来选择。

3. 中间继电器的安装

中间继电器的安装方法和交流接触器相似,但由于中间继电器触头容量较小,一般不能接到主电路中。

4.1.8 时间继电器

1. 时间继电器的识别

时间继电器是一种利用电磁原理或机械原理实现延时控制的自动开关装置,是一种当加入(或去掉)输入的动作信号后,其输出电路需要经过规定的准确时间才产生跳跃式变化(或触头动作)的一种继电器,是一种使用在较低的电压或较小电流的电路上,用来接通或切断较高电压、较大电流的电路的电气元件。同时,时间继电器也是一种利用电磁原理或机械原理实现延时控制的控制电器。它的种类很多,有空气阻尼式、电动式和电子式等。

(1) 空气阻尼式时间继电器又称为气囊式时间继电器,是根据空气压缩产生的阻力来进行延时的。空气阻尼式时间继电器结构简单,价格便宜,延时范围大(0.4~180 s),但延时精确度低。

(2) 电磁式时间继电器延时时间短(0.3~1.6 s),但它结构比较简单,通常用在断电延时场合和直流电路中。

(3) 电动式时间继电器的原理与钟表类似,是由内部电动机带动减速齿轮转动而获得延时的。这种继电器延时精度高,延时范围宽(0.4~72 h),但结构比较复杂,价格很贵。

(4) 晶体管式时间继电器又称为电子式时间继电器,它是利用延时电路来进行延时的。这种继电器精度高,体积小。时间继电器实物如图4-26所示。

时间继电器可分为通电延时式和断电延时式两种类型,其触点类型及电路符号如图4-27所示。

(a) 空气阻尼式

(b) 电动式时间继电器

(c) 晶体管式

(d) 电磁式

图4-26 时间继电器实物图

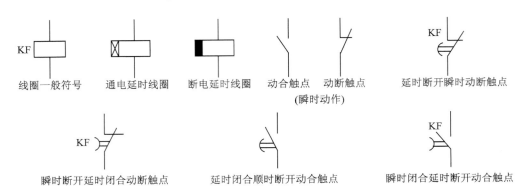

图 4-27 时间继电器的符号

2. 时间继电器的选择

时间继电器根据控制回路中的延时方式、瞬时动作触头的数量及吸引线圈的电压等级来选用。空气阻尼式时间继电器的延时及触头方式有 4 种,即通电延时闭合的常开触头、通电延时断开的常闭触头、断电延时闭合的常开触头和断电延时断开的常闭触头。

3. 时间继电器的调整

(1) 断开主回路电源,接通控制回路电源。

(2) 用螺钉旋具调节螺钉,按所需延时的时间,使指针指向与这一时间大致相符的刻度。

(3) 按下延时控制回路按钮,同时记下延时起始时间。延时结束后,立即记下结束时间,核对实际延时时间与所需延时时间是否相符,如不符,则继续向左或向右旋转调整螺钉,重复这一调节过程,直至实际延时时间与所需延时时间相符。

4.1.9 低压电流互感器

1. 电流互感器的识别

电流互感器是一种测量用的特殊的变压器。它的作用是将大电流转变为标准的 5A,供测量仪表和继电器使用,也为测量装置和继电保护的线圈提供电流,并对一次设备和二次设备进行隔离。电流互感器实物如图 4-28 所示。

图 4-28 电流互感器

2. 电流互感器的安装

(1) 按图施工，接线正确，导线两端编号标记应清楚，标号范围符合规程要求。

(2) 二次回路导线或电缆，均应采用铜线，电流互感器回路导线截面不应小于 2.5 mm²，电压互感器回路导线截面不应小于 1.5 mm²。

(3) 电流互感器出口的第一端子排应选用专用电流端子，电流互感器不使用的二次绕组在接线板处应短路并接地。

(4) 电流互感器极性不能接反，相序、相别应符合设计及规程要求。电流互感器接线原理如图 4-29 所示，安装实物如图 4-30 所示。

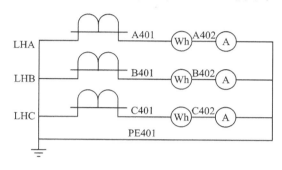

图 4-29 电流互感器的接线图

图 4-30 电流互感器的安装

4.1.10 交流电流表和交流电压表

交流电流表采用电磁系电表、电动系电表和整流式电表的测量机构。电磁系测量机构的最低量程约为几十毫安，为提高量程，要按比例减少线圈匝数，并加粗导线。用电动系测量机构构成电流表时，动圈与静圈并联，其最低量程约为几十毫安。为提高量程，要减少静圈匝数，并加粗导线，或将两个静圈由串联改为并联，则电流表的量程将增大一倍。用整流式电表测交流电流时，仅当交流为正弦波形时，电流表读数才正确。为扩大量程也可利用分流器，也可用热电式电表测量机构测量高频电流。在电力系统中使用的大量程交流电流表多是 5 A 或 1 A 的电磁系电流表，并配以适当电流变比的电流互感器。

(1) 交流电流表要与用电器串联在电路中，否则会短路，烧毁电流表。

(2) 被测电流不要超过电流表的量程（可以采用试触的方法来看是否超过量程）。

(3) 绝对不允许不经过用电器而把电流表连到电源的两极上。因为电流表内阻很小，相当于一根导线，若将电流表连到电源的两极上，轻则指针打歪，重则烧坏电流表、电源、导线）。一般是先烧表（电流表），后毁源（电源）。电流表如图 4-31 所示。

交流电压表一般能进行电压测量和电平测量。电压测量是指测量电压的绝对量，电平测量是指测量电压的相对量。交流电压表的频率范围高端一般为 1～2 MHz，低端一般为 20 Hz。交流电压表不能测量直流，其输入电阻典型值为 1 MΩ，这在一般的场合已经足够了。除非被测节点的内阻很大，例如，阻值达到上百千欧姆，此时电压表的输入电阻对被测电阻的影响开始显著了，从而导致测量不准确。交流电压表如图 4-32 所示。

图 4-31　交流电流表　　　　图 4-32　交流电压表

交流电压表的输入电阻很大,故仪器的测量馈线充当天线所接收的干扰幅度也会很大(尤其是工频干扰幅度最大),这往往会造成一种当表的量程开关置于较小挡位时,表针会急速偏转到最右边,俗称"打表",所以作为一种操作习惯,平时应该将量程开关置于较高的挡位,如10 V、30 V 挡位或者更高挡位。无论在什么挡位,一旦出现"打表",则只要将馈线短接,稍等一会表针就会回零,如果不能回零,则说明馈线有短路。

馈线的一端是 BNC 插头,与仪器相连,另一端则有两个连接鳄鱼夹的引线,一个红色,一个黑色,用于连接被测电路。虽然被测的是交流电压,但是测量时黑线必须与被测电路的地线相连,不能反过来,即电子测量仪器的地线与被测电路的地线相连,俗称"共地",不然会引入干扰,使所有电子测量结果不再准确。

从交流电压表的指针所对应的表盘的电压刻度所读出的数值是有效值,但是这个有效值是针对正弦波而言的,对于非正弦波则得不到正确的结果。所以,测量之前要确定被测电压是正弦波,如果正弦波存在较大的失真,则测量结果将不再准确。

一般来说把电压表和电流表安装在合适的柜门上。为了计量电流值和电压值,选择多大的电流表和电压表依据具体的电路设计而定。电压表安装如图 4-33 所示,电流表安装如图 4-34 所示。

图 4-33　电压表的安装

图 4-34　电流表的安装

4.1.11 浪涌保护器

浪涌保护器(电涌保护器)是电子设备雷电防护中不可缺少的一种装置,它是隔绝变电所受外界雷电侵入的保护手段。同时浪涌保护器对大容量设备启动时产生的过电压也有一定的保护作用,过去常称为"避雷器"或"过电压保护器",英文简写为 SPD。浪涌保护器实物如图 4-35 所示。

图 4-35 浪涌保护器

浪涌保护器的作用是把窜入电力线、信号传输线的瞬时过电压限制在设备或系统所能承受的电压范围内,或将强大的雷电流泄流入地,保护设备或系统不受冲击而损坏。浪涌保护器的安装如图 4-36 所示。

图 4-36 浪涌保护器的安装

浪涌保护器的接线是将其安装在配电箱旁边,采用点对点的接线方式,即 A 相对 A 相,B 相对 B 相,C 相对 C 相,不能差接,N 相也对应 N 线。如果保护器采用箱体式,则箱体内还有一个 PE 接线柱,将它与配电箱的 PE 接头连接即可。

注意:浪涌保护器一定要安装在配电箱总开关的进线位置。

4.1.12 三相电能表

三相电能表是用于测量三相交流电路中电源输出(或负载消耗)的电能的表。它的工作原理与单相电能表完全相同,只是结构上采用多组驱动部件和固定在转轴上的多个铝盘的方式,以实现对三相电能的测量。三相电能表实物如图 4-37 所示。

三相四线有功电能表共有 10 个接线端子,从左至右按 1、2、3、4、5、6、7、8、9 和 10 编号。其中,1、4、7 是相线的进线端子,用来连接从供电单位总保险盒三个下接线端子引来的三根相线;3、6、9 是相线的出线端子,三根相线从这里引出后,分别接到总开关的三个进线端子;10 是中性线的进线端子和出线端子,用来连接中性线的进线和出线。如图 4-38 为接线图。

图 4-37 三相电度表实物图

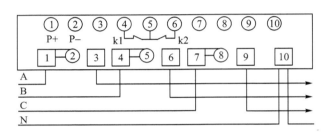

图 4-38 三相电度表的接线

4.2 常用低压控制电器实训实施

4.2.1 实训内容

(1) 认识常用的低压控制电器。
(2) 学会常用低压控制电器的使用方法与端子定义。

4.2.2 实训目标

(1) 认识断路器、漏电保护器、熔断器、按钮开关、转换开关、接触器、热继电器等元件。
(2) 掌握本实训涉及的各低压控制电器的端子定义。
(3) 掌握本实训涉及的各低压控制电器电路原理图的绘制。

4.2.3 实训方案

对低压控制电器进行识别,并掌握低压控制电器的安装与选择,是电动机控制电路的基础,因为只有认识和会使用低压控制电器,才能正确地安装电动机控制电路和检测电动机控电路,本实训中我们要学会认识低压控制电器并会选型与更换。

实训要求:准备各种低压控制电器,进行低压控制电器识别,然后进行检测与安装练习。

4.3 实训思考题

(1) 常用低压控制电器有哪些?

(2) 怎样用万用表确定交流接触器的常开与常闭点?

(3) 当所设计的电路中接触器控制触点数量不够时,该怎么办?

(4) 热继电器的作用是什么?

(5) 主令电器有哪些?

拓展练习:对交流接触器进行拆装与检修。

实训 5　电动机结构与接线

三相交流异步电动机又称感应电动机,是基于气隙旋转磁场与转子绕组中感应电流相互作用产生电磁转矩,从而实现将电能转换成机械能的一种交流电动机。

为了保证电动机安全、可靠地运行,电动机必须定期进行维护与修理。维修人员不仅要掌握电动机维护知识,使电动机经常处于良好运行状态,而且还要掌握异常状态的判断,故障原因的鉴别及进行修复的技能。

5.1　电动机结构与接线相关知识

5.1.1　三相交流异步电动机简介

三相交流异步电动机又称为感应电动机,具有结构简单、制造成本低廉、使用和维修方便、运行可靠且效率高等优点,被广泛应用于工农业生产中的各种机床、水泵、通风机、锻压和铸造机械、传送带、起重机及家用电器、实验设备中。

当导体在磁场内切割磁力线时,在导体内产生感应电流,"感应电动机"的名称由此而来。转子绕组感应电流和磁场的联合作用给电动机转子施加驱动力,从而使转子旋转起来。

感应电动机转动的原理如图 5-1 所示。

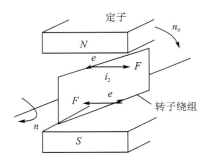

图 5-1　感应电动机转动原理图

当定子形成的磁场按如图 5-1 所示顺时针以 n_0 的速度旋转时,应会在转子绕组中产生如图 5-1 所示方向的感应电压 e,由于绕组线圈是闭合的,就会产生与感应电压方向相同的电流 i,电流在磁场中受力根据左手定则,可以判断转子绕组上侧受力方向向右,下侧受力方向向左,两个力作用在转子绕组上就会产生顺时针的转矩,从而使转子绕组旋转起来。转子绕组的旋转方向与子磁场旋转方向相同,该转动的磁场称为旋转磁场。当转子绕组转速 n 与旋转磁场转速 n_0 相等时,就不会有感应电流产生,所以转子绕组能够受力矩作用;还有一个原因,就是旋转磁场的转速 n_0 必须大于转子绕组转速 n,电动机才能保持一直受力矩作用从而持续旋转下去。

当电动机的三相定子绕组中通入三相对称交流电后,将会产生一个旋转磁场,该旋转磁场切割转子绕组,从而在转子绕组中产生感应电流,转子绕组的感应电流在定子旋转磁场作用下将产生电磁力,从而在电机转轴上形成电磁转矩,驱动电动机旋转,并且电机旋转方向与旋转磁场方向相同。

三相交流异步电动机是依靠接入 380 V 三相交流电源(相位差 120°)来供电的一类电动机,由于三相异步电机的转子与定子旋转磁场以相同的方向、不同的转速旋转,存在转差率,所以叫三相异步电机。

三相异步电动机实物图如图 5-2 示。

图 5-2 三相交流异步电动机

异步电动机的容量从几十瓦到几千千瓦,在各行各业中应用极为广泛。例如,在工业方面:中小型轧钢设备、各种金属切削机床、轻工机械、矿山机械、通风机、压缩机等都用到异步电动机;在农业方面:水泵、脱粒机、粉碎机及其他农副产品加工机械等都是用异步电动来拖动的。在日常生活方面:电扇、洗衣机、冰箱等电器中也都用到异步电动机。

5.1.2 三相交流异步电动机的结构

三相交流异步电动机按转子结构可分为笼型和绕线转子异步电动机两大类。笼型异步电动机是应用最广泛的一种电动机。绕线转子异步电动机一般只用在要求调速和启动性能好的场合,如桥式起重机上。异步电动机由两个基本部分组成:定子(固定部分)和转子(旋转部分),交流异步电动机的结构如图 5-3 所示。

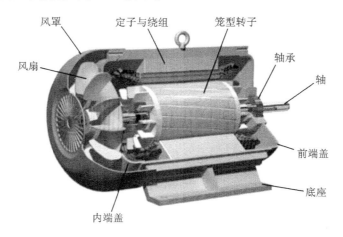

图 5-3 笼型异步电动机的结构

5.1.3 三相交流异步电动机的接线

电动机始端标以 U1、V1、W1,末端标以 U2、V2、W2。其端子与内部绕组接线如图 5-4 所示。

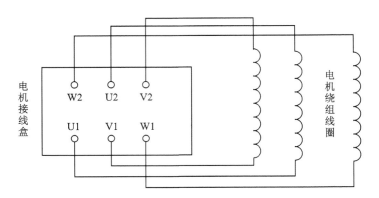

图 5-4　三相交流异步电动机端子与内部绕组接线示意图

三相定子绕组可以接成星形,星形接线时端子盒接线方式如图 5-5 所示。

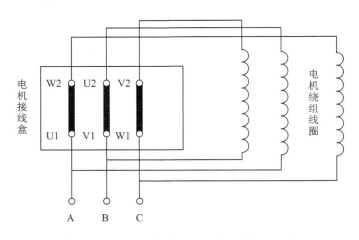

图 5-5　三相交流异步电动星形接线示意图

三相交流异步电动机也可以接成三角形,其接线方式如图 5-6 所示。

三相交流异步电动机接线时必须视电源电压和绕组额定电压的情况而定。一般电源电压为 380 V(指线电压),如果电动机定子各相绕组的额定电压是 220 V,则定子绕组必须接成星形,实际接线如图 5-7(a)所示;如果电动机各相绕组的额定电压为 380 V,则应将定子绕组接成三角形,实际接线如图 5-7(b)所示。

5.1.4 三相交流异步电动机旋转方向改变

三相交流异步电动机的转子是被定子的三相绕组产生的旋转磁场拖动的,三相绕组合成的旋转磁场向哪个方向转,转子就向哪个方向转。所以,只要将三相电源线的任意两根线换接,电动机定子的旋转磁场就被改变了,而电机转子的转动方向也就改变了。

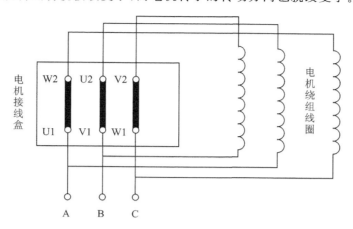

图 5-6 三相交流异步电动动三角形接线示意图

(a) 星形接线

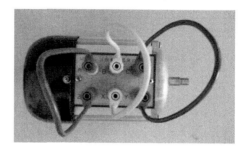

(b) 三角形接线

图 5-7 三相绕组的接线

5.1.5 三相交流异步电动机的铭牌

每台异步电动机的机体外壳上都装有一块铭牌,标明电动机型号,额定值和技术参数。按铭牌所规定的额定值和工作条件的运行,称为额定运行方式。

1. 型 号

异步电动机型号组成包括:Y(表示异步电动机)、中心高度、大型(中型、或小型)机座、极数等信息。例如 Y355M-4 型表示的是:中心高度 355 mm 的中型机座 4 极的异步电动机。

2. 额定值

额定值是制造厂根据国家标准,对电动机每一电量或机械量所规定的数值。

(1) 额定功率 P_N。指电动机轴输出的机械功率,单位 kW。

(2) 额定电压 U_N。指电动机额定功率运行时,电源的线电压,单位为 V。

(3) 额定电流 I_N。指电动机在额定功率下运行时的线电流,单位为 A。

(4) 额定频率 f_N。指电动机正常运行时的电源频率,单位为 Hz。

(5) 额定转速 n_N。指电动机在额定功率下运行时的转速,单位为 r/min。

3. 接 法

接法是指电动机在额定电压下,定子三相绕组应采用的连接方法。目前电动机铭牌上的接法有两种,一种是额定电压为 380/220 V,接法为星形/三角形,这表明定子每相绕组额定电压为 220 V。如果电源线电压为是 220 V,应接成角形;若电源线电压为 380V,则应接成星形,切不可在电源线电压为 380 V 时接成三角形,以防电压超过额定值,毁坏电动机。另一种是额定电压为 380 V,接法为三角形,这表明定子每相绕组的额定电压是 380 V,适用于电源电压为 380 V 的场合。

4. 允许温升

允许温升指电动机机温度高出环境温度的数值,允许温升的大小与电动机绝缘材料有关。

5.2 电动机结构与接线实训实施

5.2.1 实训内容

(1) 三相交流异步电动机的结构。
(2) 三相交流异步电动机的接线。

5.2.2 实训目标

(1) 了解电动机的结构原理,会解体电动机,会更换电动机轴承。
(2) 会按电机的额定运行要求将电动机接成角形功星形。
(3) 会实现电动机的转向进行调换。

5.2.3 实训方案

本实训内容是电动机的拆卸与装配,这个在电动机维修工作中是经常进行的,因此在实训中学生要根据实际练习电动机拆装,掌握电动机结构,并学会电动机的接线。

(1) 进行电动机拆卸。清理电动机各部分的积尘,清洗轴承和轴承盖并加润滑油。
(2) 电动机装配。
(3) 电动机维护。
(4) 电动机接法与接线。
(5) 电动机绕组绝缘测量。

5.3 实训思考题

(1) 三相交流异步电动机主要由哪几部分组成?
(2) 三相交流异步电动机的星接与角接在实际接线中如何短接?
(3) 三相交流异步电动机是如何实现方向改变的?

实训6　电动机点动、连续运行控制电路

任何复杂的电气控制线路都是按照一定的控制原则,由基本控制电路组成的。学习基本控制电路是学习电气控制的基础,特别是对生产机械整个电气控制电路工作原理的分析与设计有很大的帮助。

6.1　电动机点动、连续运行控制电路相关知识

在电源容量足够大时,小容量笼式电动机可以直接启动。直接启动的优点是电气设备少,线路简单;缺点是启动电流大,引起供电系统电压波动,干扰其他用电设备正常工作。

用接触器和按钮来开关控制电动机的启停,用热继电器作电动机过载保护,这就是继电器接触器控制的最基本电路。但工业用的生产机械,其动作是多种多样的,继电器接触器控制电路也是多种多样的,各种控制电路只不过是在基本电路基础上,根据生产机械要求,适当增加一些电气设备罢了。

生产中常遇到如下一些环节(基本电路):点动控制,单向自锁运行控制,电动机正、反转互锁控制,负载的多地控制,时间控制等。这些控制环节也称为典型控制环节。一台比较复杂的设备的控制电路常包括几个典型环节,掌握这些典型环节,对阅读、应用和设计控制电路是至关重要的。

在工厂的生产过程中,有些机床设备要求必须具有点动控制环节。例如,实现机床的位置调整,对刀或运动部件快速移动等目的。而大部分机床设备则要求必须具有连续控制环节。例如,机床的零件加工等。因此,就要求机床设备中的三相异步电动机控制电路具有点动和连续两种控制功能。

6.1.1　点动控制电路的组成

机械设备不仅需要连续运转,有时还需要点动运行来完成调整工作。

所谓点动控制,就是按下按钮,电动机通电运转,松开按钮,电动机断电停止运转的控制方式。主电路原理如图6-1所示,该电路由隔离开关QS、熔断器FA1、接触器QA、热继电器FR和三相异步电动机M组成。

控制电路由熔断器FA2、按钮SB1、接触器QA线圈、热继电器常闭触点等组成,控制电路如图6-2所示。

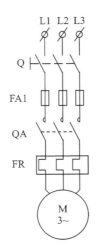
图 6-1 三相异步电动机主电路原理图

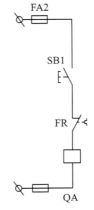
图 6-2 三相异步电动机、连续控制电路图

6.1.2 点动控制电路工作原理

电动机点动控制电路的工作原理为：合上刀开关 QS，接通三相电源；然后按下点动按钮 SB1，接触器 QA 线圈通电，接触器衔铁被吸合，使 QA 动合主触点闭合，电动机接通电源启动运转。松开按钮 SB1，接触器 QA 线圈失电，主触点恢复到常开状态（复位），电动机因失电而停转。可见，电动机的启停全靠按钮开关，按下按钮开关就转，松开按钮开关就停，所以叫做点动。按钮 SB1 的按下时间长短直接决定了电动机接通电源的运转时间长短。

点动环节在工业生产中应用颇多，如电动葫芦，机床工作台的上、下移动等。

6.1.3 连续运行控制电路的组成

前面介绍的点动控制电路不便于电动机长时间动作，所以不能满足许多需要连续工作的状况。电动机的连续运转也称为长动控制，是相对点动控制而言的，它是指在按下启动按钮启动电动机后，松开按钮开关，电动机仍然能够通电连续运转。连续运行控制电路是在点控制电路的基础上在控制回路串接了一个停止按钮 SB1 和一个热继电器 FR 的动断触点，并在启动按钮 SB2（即为点动控制电路的 SB）两端并接一个接触器的动合辅助触点 KM。主回路与点动控制电路相同。图 6-3 为三相异步电动机主电路原理图，图 6-4 为三相异步电动机连续运行控制电路图。

主电路由刀开关 QS，熔断器 FA1、接触器 KM，热继电器 FR 和三相交流异步电动机 M 组成；控制电路由熔断器 FA2，启动按钮 SB1，停止按钮 SB2，交流接触器线圈及常开辅助触点 KM，热继电器常闭触点 FR 等组成。

实训 6 电动机点动、连续运行控制电路

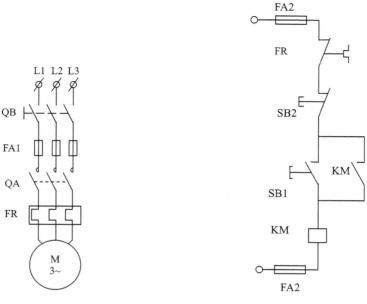

图 6-3 三相异步电动机主电路原理图　　图 6-4 三相异步电动机点动、连续控制电路

6.1.4 连续运行电路工作原理

(1) 启动。电动机启动时,主回路合上电源开关 QS,接通整个控制电路电源。当按下启动按钮 SB1 后,SB1 常开触点闭合,使接触器 KM 线圈通电,主电路中的 KM 主触点吸合,使电动机接入三相交流电源启动旋转,同时控制电路中的并联在启动按钮 SB1 两端的常开辅助触点 KM 也闭合,使 KM 线圈经 SB1 常开触点与接触器 KM 自身的常开辅助触点两路供电而吸合。当松开启动按钮 SB1 时,虽然 SB1 常闭点断开,但 KM 线圈仍通过自身常开辅助触点 KM 接通而保持通电,从而确保电动机继续运转。这种依靠接触器自身辅助触点而使其线圈保持连续通电的方式,称为接触器自锁,也叫电气自锁。这对起自锁作用的常开辅助触点称为自锁触点,这段电路称为自锁电路。

(2) 停止。要使电动机停止运转,可按下停止按钮 SB2,使接触器 KM 线圈断电释放,KM 的常开主触点、常开辅助触点均断开,切断电动机主电路和接触器线圈所在的控制回路电源,电动机停止转动。当手松开停止按钮后,SB 的常闭触点在复位弹簧作用下,虽又恢复到原来的常闭状态,但原来闭合的 KM 自锁触点早已随着接触器 KM 线圈断电而断开,接触器线圈已不再通电了,所以电动机不会重新启动。由此可见,点动控制与长动控制的根本区别在于电动机控制电路中有无自锁电路。再者,从主电路上看,电动机连续运转电路应装有热继电器以作长期过载保护,对于点动控制电路则可不接热继电器。

(3) 电路的保护环节。熔断器 FA1、FA2 分别为主电路、控制电路的短路保护器。热继电器 FR 作为电动机的长期过载保护。这是由于热继电器的热惯性较大,只有当电动机长期过载时 FR 才动作,使串接在控制电路中的 FR 常闭触点断开,切断 KM 线圈电路,使接触器 KM 断电释放,主电路 KM 三对常开主触点断开,电动机断电停止转动,实现对电动机的过载保护。

(4) 电路的欠电压与失电压保护。这一保护是依靠接触器自身的电磁机构来实现的。当电源电压降低到一定值或电源断电时,接触器电磁机构弹簧反力大于电磁吸力,接触器衔铁释放,常开触点断开,电动机停止转动。而当电源电压恢复正常或重新供电时,接触器线圈均不会自行通电吸合,只有在操作人员再次按下启动按钮之后,电动机才能重新启动。这样一方面防止电动机在电压严重下降时仍低压运行而烧毁电动机;另一方面防止电源电压恢复时,电动机自行启动旋转,容易造成设备损坏和人身事故。

6.2 电动机点动、连续运行控制电路实训实施

6.2.1 实训内容

(1) 三相电动机点控制电路。
(2) 三相电动机连续运行控制电路。

6.2.2 实训目标

(1) 学会电动机点动与连续运行电机主电路的组成与连接。
(2) 学会电动机点动与连续运行电机控制电路的组成与连接。
(3) 学会电动机点动与连续运行电机控制电路故障排除方法。
(4) 加深对理论知识的理解,提高实际操作能力。

6.2.3 实训方案

1. 实训要求

(1) 掌握交流接触器、热继电器和按钮开关结构及其在控制电路中的应用。
(2) 学习三相异步电动机的基本控制电路的连接。
(3) 学习按钮开关、熔断器、热继电器的使用方法。

2. 实训步骤

(1) 复习异步电动机直接启动和具有电动控制电路的工作原理。
(2) 在实训板上或实训台上找到接触器等器件,复习其结构测试方法。
(3) 按图连接点动控制电路,经指导教师检查后方可送电(电动机主回路可不接入)。
(4) 在点动控制电路基础上改造电路,实现连接运转控制电路。

3. 故障分析与测试

在已安装完工,经通电合格的电路上,人为设置故障,然后通电运行,观察故障现象,并将故障现象记录在表6-1中。

表6-1 电动机单向连续运行控制电路故障现象记录表

故障设置元件	故障点	故障现象
常开按钮	触点接触不良	
交流接触器	线圈接线松脱	
交流接触器	自锁触点接触不良	

续表 6-1

故障设置元件	故障点	故障现象
交流接触器	主触点有一相接触不良	
交流接触器	主触点有两相接触不良	
热继电器	额定值调得太小	
热继电器	常闭触点接触不良	

6.3 实训思考题

(1) 什么是自锁电路,自锁点在电路中起什么作用?
(2) 若自锁电路接错会出现什么现象?
(3) 如果控制电路中热继电器动作了,如何对其进行恢复运行?

拓展训练:可否设计与个既能实现点动,又能连续运行的控制电路?

实训 7　三相异步电动机正反转控制电路

7.1　三相异步电动机正反转控制电路相关知识

在生产过程中,很多机械的运行部件都需要正、反两个方向运动,如水闸的起、闭,机床工作台的前进、后退等。要使三相异步电动机正、反转,只要改变引入到电动机的三相电源相序即可。用倒顺开关能实现异步电动机的正、反转,但不能实现遥控和自控。

7.1.1　接触器控制电动机正反转电路

接触器控制电动机正反转控制电路主电路与控制电路如图 7-1 所示。

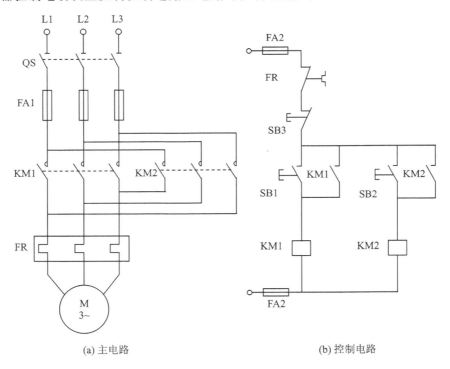

(a) 主电路　　　　　　　　　　　　(b) 控制电路

图 7-1　三相电动机正反转控制主电路及控制电路

图 7-1 中 KM1 为正转接触器、KM2 为反转接触器。按钮 SB1 和 SB2 分别为正转启动按钮和反转启动按钮。工作时,合上电源开关 QS,当按下正转启动按钮 SB1 时,正转接触器 KM1 线圈通电,主电路中 KM1 三对常开主触点闭合,三相交流异步电动机通电正转同时正转接触器 KM1 自锁触点闭合,实现正转自锁。此时,当按下停止按钮 SB3 时,正转接器 KM1 线圈断电,主电路 KM1 三对常开主触点复位,电动机断电停止,同时正转接触器 KM1 自锁触点也恢复断开,解除正转自锁。再按下反转启动按钮 SB2 时,反转接触器 KM2 线圈通电,主

电路中 KM2 三对常开主触点闭合,电动机改变相序实现反转,同时反转接触器 KM2 自锁触点闭合,实现反转自锁。当按下停止按钮 SB3 时,与正转停止原理相同。

可见,该电路是由将两个单向旋转控制电路组合而成的,主电路由正、反转接触器 KM1、KM2 的主触点来实现电动机两相电源的对调,即改变相序,进而实现电动机的正反转。但若在按下正转启动按钮 SB1,电动机已进行正向旋转后,又按下反转启动按钮 SB2,此时会因为正反转接触器 KM1、KM2 线圈均通电吸合,它们的主触点均闭合,而发生电源两相短路,使熔断器 FU 熔体烧断而实现短路保护,电动机将无法工作,并造成严重的短路故障。因此该电路安全性较差,在实际工作中要禁止使用。

7.1.2 接触器互锁正反转控制电路

为了防止出现上述的短路故障,需要设计正反转相互控制闭锁的电路,接触器互锁的电动机正、反转电路就是一种常用的正反转互锁电路。接触器互锁三相交流异步电动机正反转控制电路的原理如图 7-2 所示。

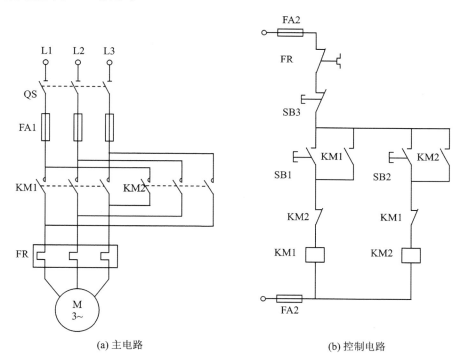

(a) 主电路　　　　　　　　　　(b) 控制电路

图 7-2　接触器互锁三相交流异步电动机正反转控制电路原理图

在图 7-2 所示的正反转控制电路中,由于正转接触器线圈 KM1 与反转接触器线圈 KM2 都没有电,此时它们的常闭触点 KM1 和 KM2 都在闭合状态,当按下正转启动按钮 SB1,正转接触器 KM1 线圈通电,一方面 KM1 主电路中的主触点和控制电路中的自锁触点闭合,使电动机连续正转;另一方面,动断互锁触点 KM1 断开,切断反转接触器 KM2 线圈支路,使得它无法通电,实现互镜。此时,即使按下反转启动按钮 SB2,反转接触器 KM2 线圈因 KM1 互锁触点断开也不会通电。要实现反转控制,必须先按下停止按钮 SB3,切断正转接触器 KM1 线圈支路,KM1 主电路中的主触点和控制电路中的自锁触点恢复断开,互镜触点恢复闭合,解除对 KM2 的互锁,然后按下反转启动按钮 SB2,才能使电动机反向启动运转。同理可知,反转启动按钮 SB2 按下时,反转接触器 KM2 线圈通电。一方面主电路中 KM2 的三对常开主触点闭合,控制电路中自锁触点闭合,实现反转,另一方面正转互锁触点断开,使正转接触器 KM1 线圈支路无法接通,进行互锁。

接触器互锁正、反转控制电路的优点是可以避免误操作以及因接触器故障引起电源短路的事故发生。但存在的主要问题是,从一个转向过渡到另一个转向时要先按停止按钮 SB3,不能直接过渡,显然这是十分不方便的。可见接触器互锁正反转控制电路的特点是安全但操作不方便,无法实现自动正反向运转切换,运行状态转换必须是"正转—停止—反转"。

7.1.3 双重(接触器、按钮)互锁正反转控制电路

为了解决接触器互锁电路操作不便的问题,可以设计按钮与接触器双重互锁正反转控制电路。其原理如图 7-3 所示,SB2 与 SB3 是两只复合按钮,它们各具有一对常开(动合)点和一对常闭(动断)点,该电路具有按钮和接触器双重互锁作用。

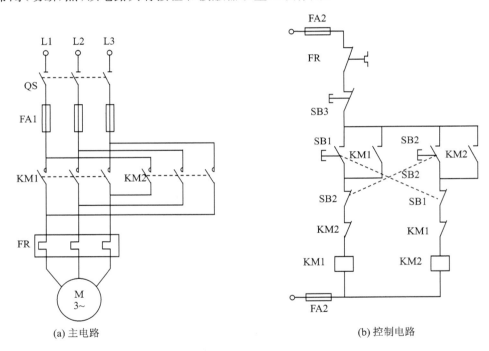

图 7-3 接触器按钮双重互锁三相交流异步电动机正反转控制电路原理图

按钮互锁是通过复合按钮实现的,图 7-2 中连接按钮的虚线表示同一按钮互联动的触点。其中,正转按钮 SB2 的动合触点用来控制正转接触器 KM1 线圈通电,动断触点串接在反转接触器 KM2 线圈电路中,当按下 SB2 接通正转控制回路的同时,断开了它的动触点,切断了反转控制回路,保证了 KM2 线圈不会获电。反转按钮 SB3 的动合触点用来控制反转接触器 KM2 线圈通电,动断触点串接在正转接触器 KM1 线圈电路中,当按下 SB3 接通反转控制回路的同时,断开了它的动断触点,切断了正转控制回路,保证了 KM1 线圈不会获电,从而实现了机械互锁。接触器互锁是通过接触器 KM1、KM2 动断辅助触点分别串接在对方接触器线圈所在支路来实现的。当正转接触器 KM1 线圈通电时,KM1 的动断辅助触点断开,切断

了反转控制回路,保证 KM2 线圈不会获电;当反转接触器 KM2 线圈通电时,KM2 的动断辅助触点断开,切断了正转控制回路,保证 KM1 线圈不会获电。由接触器常闭触点构成的互锁称为电气互锁。

其工作原理为:合上电源刀开关 QS。正转时,按正转按钮 SB2,正转接触器 KM1 线圈通电,KM1 主触点闭合,电动正转。与此同时,SB2 的动断触点和 KM1 的互锁动断触点 KM1 都断开,保证反转接触器 KM2 线圈不会与 KM1 线圈同时得电。

欲要反转,只要直接按下反转复合按钮 SB2,由于当按下按钮时,按钮的动断触点先断开,使正转接触器 KM1 线圈先断电,KM1 的主、辅触点复位,电动机停止正转。继续按动按钮 SB2,当 SB2 动合触点闭合,使电路中的 KM2 动断辅助触点 KM2 断开,保证正转接触器 KM1 线圈不会与 KM2 线圈同时得电起到互锁作用。

电动机的正反转控制也可用磁力启动器来实现,但它用于直接启动容量在 7.5kW 以下的异步电动机,容量大于 7.5kW 时还需要应用互锁电路来实现。

7.2 电动机正反转控制电路实训实施

7.2.1 实训内容

(1)三相异步电动机正反转主电路分析与制作。
(2)三相异步电动机正反转控制电路的分析与制作。

7.2.2 实训目标

(1)进一步加强对三相异步电动机控制电路图的阅读能力。
(2)进一步熟悉各种电器的结构和性能及在电路中所起的作用。
(3)掌握用接触器实现的三相异步电动机正反转控制电路的工作过程和接线方法;理解互锁在电路中的作用。
(4)提高对该电路所出现故障进行分析处理的能力。

7.2.3 实训方案

1. 实训要求

(1)掌握接触器互锁,按钮互锁,按钮、接触器双重互锁定义。
(2)进一步学习异步电动机基本控制电路的连接。
(3)学习按钮开关、熔断器、热继电器的使用方法。

2. 实训步骤

(1)复习异步电动机正反转控制电路的工作原理。
(2)在实训板上或实训台上找到相应器件。
(3)按图连接触器互锁,按钮互锁,按钮、接触器双重互锁控制电路,经指导教师检查后方可送电(电动机主回路必须接入)。
(4)分析触器互锁,按钮互锁,按钮、接触器双重互锁控制电路换向操作的优缺点。

3. 故障分析与测试

在已安装完工且经通电合格的电路上，人为设置故障，通电运行，观察故障现象，并将故障现象记录在表7-1中。

表7-1 双重互锁的电动机控制电路故障现象记录表

故障设置元件	故障点	故障现象
反转启动按钮	触点接触不良	
正转接触器	联锁触点接触不良	
正转接触器	某相主触点接触不良	
反转接触器	自锁触点接触不良	
控制电路熔断器	熔丝断路	
热继电器	常闭触点接触不良	

7.3 实训思考题

(1) 什么是接触器互锁、按钮互锁，按钮、接触器双重互锁电路，互锁点在电路中起什么作用？

(2) 若没有互锁电路会出现什么现象？

(3) 在接触器互锁电路中如果互锁点接成自锁点，会出现什么现象？

拓展训练：如何实现在正反转控制电路中加入指示灯，请画出电路路并在实训中进行接线。

实训 8　三相异步电动机 Y—△减压启动控制电路

8.1　三相异步电动机 Y—△减压启动控制电路相关知识

电动机 Y—△减压启动是电动机额定运行在角接的电动机,为了降低启动时对电网的冲击,而采用的 Y 接方式启动,可将启动电流降低到全压启启动电流的三分之一。

Y—△减压启动称为星—三角减压启动。我国三相交流异步电动机功率 4kW 及以上时,均采用三角形接法,广泛采用星—三角降压启动。

Y—△启动的目的是降低电机的启动电流,以减少对电网的冲击。星三角启动时,加在定子每相绕组上的电压为电源电压的 $1/\sqrt{3}$(220 V),待电动机转速接近额定转速时,转为三角形运转。定子绕组接成星形启动时,由电源供给的启动电流仅为接成三角形时的三分之一;但星形接法时的启动转矩也减小为三角形接法时的三分之一,所以不适用于带负载启动。星—三角降压启动设备简单、成本较低,但启动转矩较小,所以只适用于空载或轻载启动的电动机。

8.1.1　三相异步电动机 Y—△减压启动控制电路构成

图 8-1 所示为由三个接触器和一个时间继电器按时间原则控制的电动机 Y—△减压启

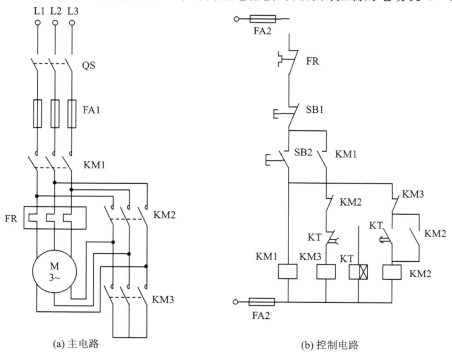

(a) 主电路　　　　　(b) 控制电路

图 8-1　时间继电器控制的"Y—△"降压启动控制电路原理图

动控制电路。

该电路由刀开关 QS,熔断器 FA1,接触器 KM1、KM2、KM3,热继电器 FR,停止按钮 SB1、星形降压启动按钮 SB2,时间继电器 KT 等组成。由 QS、FU、KM1 主触点、KM2 主触点、KM3 主触点、FR 发热元件与电动机 M 构成主电路;由停止按钮 SB1、星形降压启动按钮 SB2、KM1 常开辅助触点、KM1 线圈、KM2 常开辅助触点、KM2 常闭辅助触点、KM2 线圈、KM3 常闭辅助触点,KM3 线圈、KT 延时断开瞬时恢复闭合常闭触点、KT 延时闭合瞬时恢复断开常开触点、FR 常闭触点构成控制电路。

8.1.2　三相异步电动机 Y—△减压启动控制电路工作原理

在图 8-1 所示的时间继电器控制的 Y—△减压启动控制电路中,KM1 为电源接触器,KM2 为定子绕组三角形联结接触器,KM3 为定子绕组星形联结接触器。

电动机启动时,合上电源开关 QS,接通整个控制电路电源。其控制过程为:按下星形降压启动按钮 SB2 时,KM1 线圈得电,KM1 主触点接通,同时 KM1 辅助常开点接通实现自锁,KM3 线圈得电,时间继电器 KT 线圈得电,KM1 主触点吸合接通三相交流电源,KM3 主触点吸合将电动机三相定子绕组尾端短接,电动机星形启动;KM3 的常闭辅助触点(联锁触点)断开,对 KM2 线圈联锁,使 KM2 线圈不能通电。当时间达到 KT 设定的 Y 降压启动时间,电动机转速也上升至一定值(接近额定转速)时,时间继电器 KT 的延时时间到,KT 延时断开常闭触点(KM3 线圈上侧的触点)断开,使 KM3 线圈断电,KM3 主触点断开,电动机断开星形接法,KM3 常闭辅助触点(联锁触点)恢复闭合,为 KM2 通电做好准备;KT 延时时间到时,KT 的延时闭合常开触点(KM2 线圈上侧的触点)闭合,KM2 线圈通电自锁,KM2 主触点闭合,将电动机三相定子绕组首尾顺次连接成三角形,电动机接成三角形全压运行。同时 KM2 的常闭辅助触点(联锁触点)断开,使接触器 KM3 和时间继电器 KT 的线圈都断电,以保证 KM3 线圈不带电且起到闭锁作用。

当需要停止时,按下停止按钮 SB1,KM1、KM2 线圈全部断电,KM1 主触点断开切断电动机的三相交流电源,KM1 自锁触点恢复断开解除自锁,电动机断电停转;KM2 常开主触点恢复断开,解除电动机三相定子绕组的三角形接法,为电动机下次星形启动做准备,KM2 自锁触点恢复断开解除自锁,KM2 常闭辅助触点(联锁触点)恢复闭合,为下次星形启动 KM3、KT 线圈通电做准备。

此电路中时间继电器的延时时间可根据电动机启动时间的长短进行调整,解决了切换时间不易把握的问题,且此降压启动控制电路投资少、接线简单,因此得以广泛应用在三相交流异步电动机降压启动中。但由于启动时间的长短与负载大小有关,负载越大,启动时间越长,所以对于负载经常变化的电动机,若对启动时间控制要求较高时,需要经常调整时间继电器的整定值,就显得很不方便。

8.2　三相异步电动机 Y—△减压启动控制电路实训实施

8.2.1　实训内容

三相异步电动机 Y—△减压启动控制电路。

8.2.2 实训目标

(1) 进一步加强对三相异步电动机控制电路图阅读能力。
(2) 进一步熟悉各种电器的结构和性能及在电路中所起的作用。
(3) 掌握三相异步电动机 Y—△减压启动控制电路工作过程的接线方法,理解互锁在电路中的作用。
(4) 逐步提高对该控制电路所出现的故障的分析和排除能力。

8.2.3 实训方案

1. 实训要求

(1) 复习接触器自锁定义。
(2) 学习异步电动机的基本控制电路的连接。
(3) 学习按钮开关、熔断器、热继电器、时间继电器的使用方法。
(4) 学习顺序控制的控制过程。

2. 实训步骤

(1) 掌握电动机 Y—△减压启动控制电路工作原理。
(2) 在实训板上或实训台上找到相应器件。
(3) 按图连接电动机 Y—△减压启动控制电路,并进行调试。
(4) 对时间继电器动作时间进行调整,并且在空载及带载两种情况进行启动,根据不同时间来进行调试,直至达到启动冲击小、启动时间又短的效果。
(5) 讨论利用时间继电器来控制 Y—△的转换控制,有何弊端。

3. 故障分析与测试

在已安装完工经通电合格的电路上,人为设置故障,通电运行,观察故障现象,并将故障现象记录在表 8-1 中。

表 8-1 三相电动机 Y—△开转换降压启动控制电路故障现象记录表

故障设置元件	故障点	故障现象
接触器 KM1	线圈接线松脱	
接触器 KM1	自锁触点接触不良	
接触器 KM2	联锁触点接触不良	
接触器 KM2	某相主触点接触不良	
接触器 KM3	自锁触点接触不良	
时间继电器 KT	常闭触点接触不良	

8.3 实训思考题

(1) Y—△减压启动在实际电路的中有什么作用?
(2) 时间继电器可否由按钮来替代?为什么?
(3) 还有没有其他类型的降压启动方法?
拓展训练:Y—△减压启动可否应用在正反转控制电路中?

实训 9　常用电子元件的识别

9.1　常用电子元件相关知识

9.1.1　电阻器

1. 电阻器的识别

电阻器简称为电阻,是一种最基本、最常用的电子元件。电阻在电路中的主要作用是降压(限压)及分流。电阻根据其阻值,可分为固定电阻、可调电阻(电位器)及微调电阻等;按其制造材料,可分为碳膜电阻器、金属膜电阻器、有机实心电阻器、绕线电阻器、固定抽头电阻器等;按其结构,可又分为单个电阻、排电阻、贴片电阻等。此外还有一些特殊电阻,如熔断电阻、水泥电阻、敏感型电阻、跳线等,电阻器实物如图 9-1 所示,电路符号如图 9-2 所示。

（a）金属膜电阻

（b）碳膜电阻

（c）实心电阻

（d）水泥电阻

（e）绕线电阻

图 9-1　电阻器

在电子制作中一般常用碳膜与金属膜电阻器,金属膜电阻的精确度、热稳定性、噪声要比碳膜电阻要好,但价格较高。电位器是一个可变电阻器,常用在调整电路中以改变阻值,如电视机中的亮度、扩音器的音量调节等都是通过电位器来实现的。

图 9-2　电阻符号

2. 电阻器的测试

(1) 外观检查:检查电阻器表面有无烧焦、引线有无折断现象。对于电位器还应检查转轴是否灵活,松紧是否适当。

(2) 万用表检测:用万用表检测电阻器参照实训 1 的万用表的使用。

注意:① 若测得阻值超过该电阻的误差范围、阻值无限大、阻值为 0 或阻值不稳,说明该电阻器已坏。② 测量时手不能接触被测电阻器的两根引线,以免人体电阻影响测量的准确性。③ 若要测量电路中的电阻器,必须将电阻器的一端从电路中断开,以防电路中的其他元器件影响测量结果。

3. 电阻参数的标注法

(1) 色标法:色标法是在电阻上用四环或五环色环表示其标称阻值和允许误差的方法。四环电阻的读法如表 9-1 所列。

表 9-1 四环电阻的读法

颜　色	第1位数	第2位数	第3位数	第4位数;误差
黑	0	0	10^0	±20%
棕	1	1	10^1	±1%
红	2	2	10^2	±2%
橙	3	3	10^3	
黄	4	4	10^4	
绿	5	5	10^5	±0.5%
蓝	6	6	10^6	±0.25%
紫	7	7	10^7	±0.1%
灰	8	8	10^8	±0.05%
白	9	9	10^9	
金			10^{-1}	±5%
银			10^{-2}	±10%

阅读色环时先将电阻上有金色或银色的一端放于右边,从左边向右边起,第1环代表数值的第1位数,第2环代表数值的第2位数,第3环代表10的次方数,第4环代表电阻值的误差值,常见的金色电阻误差为±5%,银色电阻的误差为±10%,当然能选购金色电阻是最好的,但价格会稍高。而一些电路中应用的半可变或全可变电阻的阻值,一般不用色环来代表,而是将数值直接印在其外壳上。当阻值过大时,不容易用数字列出,常会看错,例如1 000 000 Ω,百万欧姆,当写在电路图上时,会占用电路图的空间,因此要将其简化,用 k 及 M 字来代替其位数,K 表示千(10^3),M 表示百万(10^6)。例如:100 000 Ω 写成 100 KΩ,上面的 1 000 000 Ω 可写成 1 MΩ。

例如:四环电阻 依次为:棕黑黄银 棕色对应数字1,黑色对应数字0,所以棕黑对应数为10,第3位为黄色对应数为4,即104,所以该电阻值为 10×104 = 100 KΩ,误差环为银色,表示其误差为±10%。

例如:四环电阻色环依次为:橙白棕银,读为 $39×10^1=390$ Ω,误差为±10%;

例如:四环电阻色环依次为:橙白红金,读为 $39×10^2=3.9$ KΩ,误差为±5%;

例如:四环电阻色环依次为:橙橙金银,读为 $33×10^{-1}=3.3$ Ω,误差为±10%;

例如:四环电阻色环依次为:黄紫银棕,读为 $47×10^{-2}=0.47$ Ω,误差为±1%。

从以上得知,读 0.1~9.9 Ω 电阻时一定要注意第3色环的标法,因为它是乘的是10的-1或-2次方。

识别五环电阻的方法与识别四环电阻的方法类似,五环电阻读法如表 9-2 所列。

表 9-2 五环电阻的读法表

颜色	第1位数	第2位数	第3位数	第4位数	第5位数:误差
黑	0	0	0	10^0	±20%
棕	1	1	1	10^1	±1%
红	2	2	2	10^2	±2%
橙	3	3	3	10^3	
黄	4	4	4	10^4	
绿	5	5	5	10^5	±0.5%
蓝	6	6	6	10^6	±0.25%
紫	7	7	7	10^7	±0.1%
灰	8	8	8	10^8	±0.05%
白	9	9	9	10^9	
金				10^{-1}	±5%
银				10^{-2}	±10%

对于一些初学者来说识别四环电阻没什么困难的,但要识别五环电阻则要难一些,下面介绍几种简单的识别五环电阻的方法。四环及五环电阻读法示意图如图 9-3 所示。

识别哪是五环电阻的第 1 环的方法:

四环电阻的误差环一般是金或银,一般不会识别错误,而五环电阻则不然,其误差环有与第 1 环(有效数字环)相同的颜色,如果读反,识读结果将完全错误。正确识别第 1 环的方法如下:

① 误差环距其他环较远。

② 误差环相对较宽。

③ 第 1 环距端部较近。

④ 有效数字环无金、银色。(若从某端环数起第 1、2 环有金或银色,则另一端环是第 1 环)。

⑤ 误差环无橙、黄色。(若某端环是橙或黄色,则一定是第 1 环)。

⑥ 试读:一般成品电阻的阻值不大于 22 MΩ,若试读大于 22 MΩ,说明读反了。

(2) 直标法:直标法是按照命名规则,将主要信息用字母和数字标注在电阻表面上的方法。直标法一目了然,但只适合于体积较大的电阻。直标法电阻示意图如图 9-4 所示。

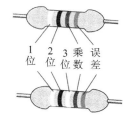

图 9-3 色环电阻读法示意图

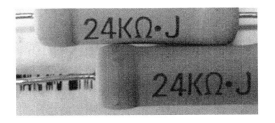

图 9-4 直标法电阻示意图

(3) 数码法：数码法是在电阻上用3位数码表示其标称阻值的方法。在3位数字中，从左至右第1、第2位为有效数字，第三位表示倍率，单位为欧姆，例如，103表示阻值为 $10 \times 10^3 = 10\text{ K}\Omega$；220表示阻值为 $22 \times 10^0 = 22\text{ }\Omega$。

4. 电位器

电位器是一个可连续调节的可变电阻，其电路符号如图9-5所示，实物如图9-6所示。电位器一般有3个引出端，其中两个为固定端，靠一个活动端在固定电阻上滑动，可以获得与转角或位移成比例的电阻值。电位器实际上是一种可变电阻，习惯上人们将带有手柄、易于调节的可变电阻称为电位器，将不带手柄或调节不方便的可变电阻器称为可调电阻（也称微调电阻）。

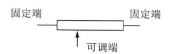

图9-5 电位器电路符号图

图9-6 电位器实物图

9.1.2 电容器

1. 电容器的识别

电容器是电子线路中的重要元器件，电容器的基本结构是用一层绝缘材料（介质）间隔的两片导体。由于绝缘材料的不同，所构成的电容器的种类也有所不同。按结构可分为固定电容器、可变电容器、微调电容器；按介质材料可分为气体介质电容器、液体介质电容器、无机固体介质电容器、有机固体介质电容器、电解电容器；按极性可分为有极性电容器和无极性电容器。常见电容器如图9-7所示，电容器的电路符号如图9-8所示。

2. 电容器的测试

(1) 数字万用表测量电容器：首先将表的功能开关置于相应挡位，然后将待测电容器插入电容器测试输入端，如超量程，LCD上将显示"1"，则须调高量程，最后从显示器上读出读数，如图9-9所示。

(2) 用指针式万用表的电阻挡判断电解电容器的好坏。具体方法为：将电容器两管脚短路进行放电，用万用表的红黑表笔分别和电解电容器的两极相连接，万用表的指针先向右偏转，再缓慢向左回归，说明电容器是正常的。表针的摆动幅度越大或返回的速度越慢，说明电容器的容量越大，反之则说明电容器的容量越小，如图9-10所示。如表针指在中间某处不再变化，说明此电容器漏电，如电阻指示值很小或为零，则表明此电容器已被击穿短路。电解电容器极性可也以通过外壳来判别，如图9-11所示。

（a）聚酯电容器　　　　　（b）云母电容器　　　　（c）电解电容器　　　　（d）瓷片电容器

（e）金属电容器　　　　（f）双联电容器　　　（g）双联同调可变电容器　　　（h）高压电容器

图 9-7　常见电容器

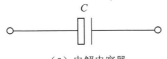 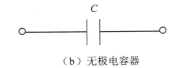

（a）电解电容器　　　　　　　　　　　　　（b）无极电容器

图 9-8　电容器符号

图 9-9　数字万用表测量电容器　　图 9-10　万用表检测电解电容器　　图 9-11　电解电容器极性判别

9.1.3　二极管

1. 二极管的识别

二极管是电子电路中最常用的半导体器件,具有单向导电性。二极管的结构和电路符号如图 9-12 所示。

二极管的类型很多(见图 9-13),其分类方法一般有以下几种：

(1) 按半导体材料分有硅二极管、锗二极管、砷化镓二极管。

(2) 按 PN 结结构分有点接触型二极管、面接触型二极管。

(3) 按用途分有稳压二极管、发光二极管、光电二极管等。

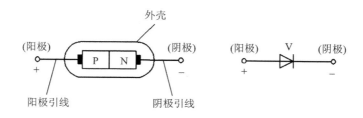

图 9-12 二极管的结构和电路符号

（4）按功率分有大功率二极管、中功率二极管及小功率等二极管。

（5）按封装形式分有玻璃封二极管、塑封二极管及金属封等二极管。

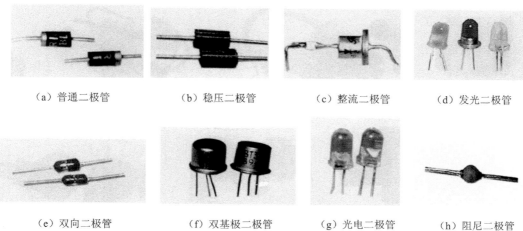

（a）普通二极管　（b）稳压二极管　（c）整流二极管　（d）发光二极管

（e）双向二极管　（f）双基极二极管　（g）光电二极管　（h）阻尼二极管

图 9-13 二极管

2. 二极管的测试

（1）目测判别极性，如图 9-14 所示。

图 9-14 判别二极管极性

（2）指针式万用表判别极性：① 二极管极性的判别，用红、黑表笔分别接两个电极，电阻小的那一次，黑表笔接的是二极管的阳极，红表笔接的是二极管的阴极，如图 9-15、9-16 所示。② 判别二极管质量的好坏，若测量的正向电阻小，反向电阻大，表明二极管性能好，反之若测量的正反向电阻都是无穷大，则表明二极管内部开路；若测量的正反向电阻都是零，则表明二极管内部短路，管子已坏。

注意：在测试小功率二极管时一般使用 $R \times 100(\Omega)$ 挡或 $R \times 1k(\Omega)$ 挡，这样做不致损坏管子。

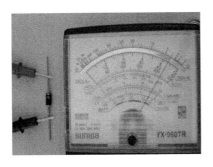 

图 9-15　二极管正向测试　　　　　图 9-16　二极管反向测试

9.1.4　三极管

1. 三极管的识别

半导体三极管也称为晶体三极管,是电子电路中重要的元器件,三极管的主要作用是电流放大和开关。三极管按结构可分为 NPN 型和 PNP 型两种,其电路符号如图 9-17 所示。三极管有三个极,分别是发射极(E)、基极(B)和集电极(C)。

（a）NPN型三极管　　　　　（b）PNP型三极管

图 9-17　三极管的电路符号

三极管绝大多数是塑料封装或金属封装,型号标在壳上。电子制作中常用的是低频小功率硅管 9013(NPN)、9012(PNP),低噪声管 9014(NPN),高频小功率管 9018(NPN),三极管的类型如图 9-18 所示。

（a）普通三极管（9014）　　（b）高频小功率三极管　　（c）低频小功率三极管

（d）光电三极管　　　　　（e）大功率三极管

图 9-18　三极管

2. 三极管的测试

(1) 根据三极管的外形特点,可初判其管脚。常见的典型三极管的管脚排列如表 9-3 所列。

表 9-3 三极管管脚的排列

类 型		外 形	管脚排列	说 明
管脚呈等腰三角形（金属管壳）	1	红点	b、e、c	根据管脚排列及色点标志判别：等腰三角形排列,其顶点是基极,有红色点的一边是集电极,另一边是发射极
	2	标志	b、e、c	等腰三角形排列：其顶点是基极,管帽边沿凸出的一边为发射极,另一边为集电极
	3	绿 红 白	e、b、c	等腰三角形排列：靠不同的色点来区分,顶点与壳体上的红色标记相对应的为集电极,与白点相对应的是基极,与绿点相对应的为发射极
	4	2G211 c b d e	b、c、e、d	d 与金属外壳相连,在电路中接地,起屏蔽作用
管脚排列呈直线排列（塑封管壳）	1		e、b、c	管脚排列成一条直线且距离相等,则靠近管壳红点的为发射极,中间为基极,剩下的是集电极
	2		c、b、e	管脚排列成直线但距离不相等,则距离较近的两脚之中,靠近管壳的那一脚为发射极,中间的为基极,剩下的是集电极
	3	平面 e b c	e、b、c	可把平面朝向自己,管脚朝下,则从左至右依次为发射极、基极、集电极
金属外壳大功率管		孔 3AD5 b c	b、e、c	管底脚朝向自己,中心线上方左侧为基极,右侧为发射极,金属外壳为集电极

(2) 用万用表判别三极管的管脚及管型：

① 管型和基极的判别。将万用表置于 $R×1kΩ$ 挡，并调零，用黑(红)表笔接三极管的某一电极，用红(黑)表笔分别接另外两个电极，轮流测试，直到测出的两个电阻都很小为止，则该电极为基极。这时，若黑表笔接基极，则该管为 NPN 管；若红表笔接基极，则该管为 PNP 管。具体测试方法如图 9-19 所示。

② 集电极和发射极的判别。对于 NPN 管，用黑表笔找集电极，把黑表笔接到假设的集电极上，红表笔接到假设的发射极上，并用手捏住 b 和 c 极，测出阻值，然后将红、黑表笔反接重新测量。测得阻值小的那一次，黑表笔所接为三极管的集电极，具体测试方法如图 9-20 所示。对于 PNP 管，用红表笔找集电极，方法同上。

图 9-19　NPN 型三极管基极的判别

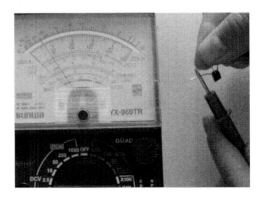

图 9-20　NPN 型三极管集电极的判别

③ 根据硅管的发射结正向压降大于锗管的正向压降的特点来判断其材料。一般常温下，锗管正向压降为 $0.2～0.3\ V$，硅管的正向压降为 $0.6～0.7\ V$。

9.1.5　集成电路

1. 集成电路的识别

集成电路是一种微型电子器件或部件。采用一定的工艺，把一个电路中所需的晶体管、二极管、电阻、电容和电感等元件及布线互连在一起，制作在一小块或几小块半导体晶片或介质基片上，然后封装在一个管壳内，成为具有所需电路功能的微型结构；其中所有元件在结构上已组成一个整体，使电子元件向着微小型化、低功耗和高可靠性方面迈进了一大步。它在电路中用字母"IC"表示。当今半导体工业大多数应用的是基于硅的集成电路。

集成电路具有体积小、重量轻、引出线和焊接点少、寿命长、可靠性高、性能好等优点，同时成本低，便于大规模成产。它已在电子设备，如电视机、计算机中得到广泛的应用。

2. 集成电路的封装与引脚的识别

集成电路的封装种类繁多，不同国家和地区的分类和命名方法也不一样，具体应用时需要查阅相关资料。常见集成电路实物如图 9-21 所示。

常见集成电路的封装、引脚识别方法如下。

(1) 单列直插型集成电路的识别标记，有的用倒角，有的用凹坑。这类集成电路引脚的排列方式也是从标记开始，从左向右依次为 1、2、3……

(2) 扁平型封装的集成电路多为双列型,这种集成电路为了识别管脚,一般在端面一侧有一个类似引脚的小金属片,或者在封装表面上有一色标或凹口作为标记。其引脚排列方式是:从标记开始,沿逆时针方向依次为1、2、3……但应注意,少量的扁平封装集成电路的引脚是顺时针排列的。

(3) 双列直插式集成电路的识别标记多为半圆形凹口,有的用金属封装标记或凹坑标记。这类集成电路引脚排列方式也是从标记开始,沿逆时针方向依次为1、2、3……

(4) 四列集成电路的引脚分成四列,且每列的引脚数相等,所以这种集成电路的引脚数是4的倍数。

图 9-21 常见集成电路的实物图

3. 集成电路的检测

(1) 检测前要了解集成电路及其相关电路的工作原理。检查和修理集成电路前首先要熟悉所用集成电路的功能、内部电路、主要电气参数、各引脚的作用以及引脚的正常电压、波形与外围元件组成电路的工作原理。如果具备以上条件,那么分析和检查会容易许多。

(2) 测试不要造成引脚间短路。电压测量或用示波器探头测试波形时,表笔或探头不要由于滑动而造成集成电路引脚间短路,最好在与引脚直接连通的外围印刷电路上进行测量。任何瞬间的短路都容易损坏集成电路,在测试扁平型封装的 CMOS 集成电路时更要加倍小心。

(3) 严禁在无隔离变压器的情况下,用已接地的测试设备去接触底板带电的电视、音响、录像等设备。虽然一般的收录机都具有电源变压器,当接触到较特殊的尤其是输出功率较大或不太了解电源性质的电视或音响设备时,首先要弄清该机底盘是否带电,否则极易与底板带电的电视、音响等设备造成电源短路,波及集成电路,造成故障的进一步扩大。

(4) 要注意电烙铁的绝缘性能。不允许带电使用烙铁焊接,要确认烙铁不带电,最好把烙铁的外壳接地,对 MOS 电路更应小心,采用 6～8 V 的低压电烙铁会更安全。

(5) 要保证焊接质量。焊接时确实焊牢,焊锡的堆积、气孔容易造成虚焊。焊接时间一般不超过 3 s,烙铁的功率为 25 W 左右。已焊接好的集成电路要仔细查看,最好用欧姆表测量各引脚间是否短路,确认无焊锡黏连现象后再接通电源。

(6)不要轻易断定集成电路的损坏,因为集成电路绝大多数为直接耦合,一旦某一电路不正常,可能会导致多处电压变化,而这些变化不一定是集成电路损坏引起的。另外在有些情况下测得各引脚电压与正常值相符或接近时,也不一定都能说明集成电路就是好的,因为有些软故障不会引起直流电压的变化。

(7)测试仪表内阻要大。测量集成电路引脚直流电压时,应选用表头内阻大于 20 kΩ 的万用表的直流电压挡进行测量,否则对某些引脚电压会有较大的测量误差。

(8)要注意功率集成电路的散热。功率集成电路应散热良好,不允许不带散热器而在大功率的状态下工作。

(9)引线要合理。如要加接外围元件代替集成电路内部已损坏部分,应选用小型元器件,且接线要合理以免造成不必要的寄生耦合,尤其是要处理好音频功放集成电路和前置放大电路之间的接地端。

4. 集成电路发展趋势

集成电路的发展起步较早,发展时间较长,通过不断的研发、引进与创新,其发展速度不仅逐步加快,其生产规模也不断扩大。随着信息技术的提高,集成电路各种工艺技术得到了较好的优化。集成电路保证着信息产业的发展,其中对电子信息产业发展起到的影响最为突出。

集成电路中芯片的尺寸不断缩小,集成度逐渐提升,工作电压逐渐降低,集成电路的优势更加显著,主要表现在高集成度,低功耗,高频等方面;同时,超微细图形曝光技术得到广泛应用,促进了IC制造设备及其加工系统实现了自动化与智能化。为了促进集成电路形成完整系统,实现了对各种技术的兼容,包括对数字电路与存储器的兼容、高低压的兼容及高低频的兼容等。

从当今国际市场格局来看,集成电路企业之间的知识产权主导权斗争激烈。作为全球第一大集成电路市场,我国集成电路自给能力低,缺芯之痛亟待解决。据《中国集成电路行业市场需求预测与投资战略规划分析报告》数据显示,2017 年中国集成电路产业销售额达到 5 411.3 亿元,同比增长 24.8%。其中,集成电路制造业增速最快,2017 年同比增长 28.5%,销售额达到 1 448.1 亿元,设计业和封测业继续保持快速增长,增速分别为 26.1% 和 20.8%,销售额分别为 2 073.5 亿元和 1 889.7 亿元。

信息产业的发展速度较快,是薪酬最高的产业之一。信息产业的快速发展能够带动国家经济的发展,加快我国现代化步伐。集成电路是软件产品的重要载体,也是信息产品硬件的基础之一。现阶段,计算机的更新换代离不开集成电路的发展,集成电路设计与制造的重大革新与进步是高水平计算机诞生的前提条件之一。集成电路产业也会对国家安全保障工作产生影响。

当前,电子商务发展迅速,商务交易的安全性影响国家的安全,集成电路是互联网设备的核心,因此集成电路间接对国家安全(包括经济安全与社会安全)产生影响。目前,我国正在大力研究具有自主知识产权的集成电路技术,取得了丰硕的成果,在集成电路的国际竞争中占有较为优势的地位,享有一定的话语权。

中国 IC 自主生产量与消耗量差异极大,自给率仍然处于较低水平。中国 IC 市场自给率在 2008 年仅为 8.7%,2014 年为 12.8%,预计 2018 年为 16.0%,2018 年供需缺口将达到 1 135 亿美元。《中国制造 2025》提出,预计 2020 年国内集成电路市场的自给率要达到 40%,到了 2030 年则提高到 75%。因此国内自 2014 年《集成电路发展纲要》发布以来,各地陆续新建大量晶圆代工厂,以满足国内市场需求。

中国集成电路设计行业呈现高度市场化的特征。一方面,从事集成电路设计的国内企业数量众多,竞争较为激烈;另一方面,国外的众多IC设计企业纷纷涌入中国市场,其中不乏具有较强资金及技术实力的知名设计公司,进一步加剧了国内市场的竞争。

集成电路作为信息产业的基础和核心,是关系国民经济和社会发展全局的基础性、先导性和战略性产业。近年来中国电子工业持续高速增长,集成电路产业进入快速发展期。相信在不远的将来,"中国芯"一定会快速发展,解决我国自主芯片缺乏的问题,在未来的国际竞争中,中国芯片会占有极其重要的地位。

9.2 常用电子元件识别实训实施

9.2.1 实训内容

(1) 认识电子电路中的常用的器件。
(2) 常用电子器件测量。

9.2.2 实训目标

(1) 能够识别电阻、电容、电感、二极管、三极管及常用的集成电路。
(2) 能够正确识读电子元件的参数。
(3) 能够利用万用表对电子元件极性与参数进行正确的测量。
(4) 学会正确应用各电子元件。

9.2.3 实训方案

1. 电阻和电位器的检测

(1) 外观检查,对于固定电阻首先查看标志清晰,保护漆完好,无烧焦,无伤裂痕,无腐蚀。对于电位器还应检查转轴的灵活性,应松紧适当、手感舒适。
(2) 色环电阻读数值。
(3) 对读好的色环电阻用万用表来测量,检验读数正确性。
(4) 电位器阻值测量。

2. 电容器的检测

(1) 万用表判别电容的好坏。数字万用表一般都有测试电容容量的功能,将表功能转换开关置于相应挡位,被测电容插入CX插座内,就能粗略测量电容量的大小,判断电容器容量是否在其标称和误差范围内。
(2) 可变电容检测。用手轻轻旋转转轴,应感觉十分平滑,不应感觉有时松时紧甚至有卡滞现象。

3. 用万用表测二极管

(1) 判断二极管极性。
(2) 判断二极管的好坏。
(3) 判断二极管材料(硅、锗)。

4. 用万用表测三极管

(1) 判断三极管的型式(NPN 或 PNP)。

(2) 判断三极管极性(基极、集电极、发射极)。

(3) 判断三极管的材料(硅、锗)。

5. 引脚功能定义

认识各种集成电路芯片的封装与引脚排列,根据集成电路芯片的型号查各引脚功能定义。

9.3 实训思考题

(1) 色环电阻中各颜色在不同环中表示的意义是什么?

(2) 如何用指针式万用表测量电容充放电性能?

(3) 一个磁片电容上标注103,则这个电容值是多少?那222呢?

(4) 请查一下"NE555"及"μA741"芯片的功能与引脚功能定义?

实训 10　万能电路板焊接

利用加热或其他方法,使焊料与被焊接金属之间相互吸引、互相渗透,使金属之间牢固结合,这种方法称为焊接。焊接通常分为熔焊、钎焊及接触焊 3 种。在电工电子设备的装接中主要用钎焊。所谓钎焊,就是利用加热将焊料金属熔化成液态,把被焊固态金属连接在一起,并在焊接部位发生化学变化的焊接方法。

在钎焊中起连接作用的金属材料称为钎料,也称为焊料。焊料的熔点低,选用时应低于被焊接金属的熔点。在电工电子技术中,大量采用锡铅焊料进行焊接。

本次实训我们来学习电路板焊接技术。

10.1　万能电路板焊接相关知识

10.1.1　电烙铁

电烙铁是手工焊接的主要工具。其结构的主要部分是烙铁头(传热元件)和烙铁心(发热元件),烙铁头由导热性良好且容易沾锡的紫铜做成,烙铁心是将电阻丝绕制在云母或瓷管绝缘筒上制成,通电后烙铁头由烙铁心进行加热。

根据电烙铁的结构和传热方式的不同,可分为外热式、内热式和速热式 3 种。这里只介绍前两种。

1. 外热式

外热式电烙铁的结构如图 10-1 所示,它是将烙铁头插装在烙铁心的圆筒孔内加热,因而热量损失比较大,热效率低,发热慢。

2. 内热式

内热式电烙铁的结构如图 10-2 所示,它是将烙铁头套装在烙铁心外面,因而热量损失小,效率高,发热快。但内热式电烙铁发热元件的电热丝和瓷管都比较细,机械强度差,因而容易烧断。

图 10-1　外热式电烙铁实物图

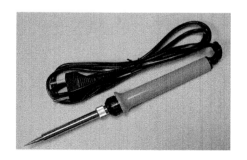

图 10-2　内热式电烙铁实物图

使用电烙铁时应注意以下问题:

(1) 使用新烙铁前,应用万用表欧姆挡测量一下电烙铁的电源插头两端是否短路或开路,以及插头和外壳间是否短路或漏电。如测量无异常现象,方可通电使用。新铁在加热前,先用细锉刀将烙铁头表面的氧化物锉干净,并成 10°~15°的斜角,然后接通电源,当烙铁头加热开始变成紫色时,在它上面涂上一层松香,再将烙铁头放至焊锡上轻擦,使烙铁头均匀地涂上一层薄薄的、光亮的锡(称为上锡)。此后,电烙铁便可用来进行焊接了。

(2) 焊接时,烙铁头温度要合适。烙铁头合适的温度约为 250 ℃,这时烙铁头接触焊锡后能使之较快地熔化,且焊锡在烙铁头上又容易附着。若烙铁头温度不合适,可通过改变烙铁头伸出长度进行调节。

(3) 电烙铁经长时间通电使用后,因加热过度,会使烙铁铜头氧化(烙铁头完全变黑),氧化部分不再传热,焊锡就沾不上去,这种情况叫烙铁头"烧死"。烙铁头烧死后,要像处理新烙铁头那样重新上锡才能使用。为了防止烙铁头"烧死",在加热一定时间后(2~3 h),应拔掉电源冷却一下,然后再加热继续使用。

(4) 使用电烙铁时,要经常使烙铁头表面保持清洁,并经常上锡,不要猛力敲打,以免电阻丝外引线震断。

(5) 电烙铁用完后,要上好锡再拔下电源插头。

(6) 焊接时为了防止损坏工作台或其他物品,电烙铁应放置在烙铁架上,烙铁架可自制。

10.1.2 焊料与焊剂

焊料与焊剂是焊接中必不可少的材料。焊接时,焊料被加热熔化成液态,借助于焊剂的使用(去除焊接表面的油污和氧化物,提高焊料在焊接时的流动性,并防止金属表面在焊接过程中受热继续氧化),使液态焊料熔入被焊接金属材料的缝隙,在焊接面处形成金属合金,依靠金属的附着力将两种金属连接在一起,这样就得到牢固的焊点。

焊锡是一种常用焊料。有的焊锡做成条状,用来熔化后对电缆头进行挂锡操作,在电路板焊接作业中,通常将焊锡做成直径为 2~4 mm 的焊锡丝,焊锡条与焊锡丝如图 10-3 所示。有的焊锡丝被做成直径为 2~4 mm 的管状,管中装入松香,称为松香焊丝。用松香焊丝焊接时,不必再加焊剂,使用非常方便。使用焊锡丝时,将烙铁头先与焊点接触一段时间,等温度升高后,再用焊锡丝与焊点接触,使焊锡熔化附着在焊点周围,就能与焊点很好地结合,且不虚焊。

图 10-3 电焊锡条与焊锡丝实物图

焊剂又称助焊剂,常用的有松香和焊油(焊膏)。

实训 10　万能电路板焊接

松香是一种没有腐蚀性、不导电的物质,松香受热气化时,能将金属表面的氧化膜带走,松香作为助焊剂具有价格低,无毒、无腐蚀性,凝固后不易挥发等优点。故松香是焊接中使用最为普通的一种焊剂。松香有黄色和褐色两种,以淡黄色的为好。

使用松香焊剂的简易方法是用烙铁头吸附固体松香,此法的缺点是松香在烙铁头上易受热挥发和氧化变质,故最好把松香压成粉末溶于酒精中,制成液体松香(1 份松香放 5 份以上 95% 的酒精)来使用,焊接时将此溶液点在待焊接处即可。

焊油(焊锡膏)的主要成分是松香,其中加入氯化锌和其他化学药品。焊油具有一定的腐蚀性并能导电,日久会使电路板、元器件腐蚀,或造成短路、绝缘不良。在焊接较粗大的元器件时,可少量使用焊油,但焊完后必须用酒精把遗留的焊油擦干净,以免腐蚀元器件。不宜用焊油作为助焊剂焊接印制电路板。松香与焊锡膏实物如图 10-4 所示

图 10-4　松香与锡膏实物图

10.1.3　手工烙铁焊接的基本技能

使用电烙铁进行手工焊接,掌握起来并不困难,但是又有一定的技术要领。初学者应该勤于练习,不断提高操作技艺。图 10-5 所示为电路板焊接操作图。

图 10-5　电路板焊接操作图

1. 手工焊接操作基本步骤

步骤一:准备施焊。

左手拿焊丝,右手握烙铁,进入备焊状态。要求烙铁头保持干净,无焊渣等氧化物,并在表面镀有一层焊锡。

步骤二:加热焊件烙铁头靠在两焊件的连接处,加热整个焊件全体,时间大约为 1～2 s。对于在印制板上焊接元器件来说,要注意使烙铁头同时接触两个被焊接物。

步骤三:送入焊丝焊件的焊接面被加热到一定温度时,焊锡丝从烙铁对面接触焊件。注意:不要把焊锡丝送到烙铁头上!

步骤四:移开焊丝,当焊丝熔化一定量后,立即向左上 45°方向移开焊丝。

步骤五:移开烙铁焊锡浸润焊盘和焊件的施焊部位以后,向右上 45°方向移开烙铁,结束焊接。

从第三步开始到第五步结束,时间大约也是 1~2 s。

2. 典型焊点的外观

(1) 形状为近似圆锥而表面稍微凹陷,呈慢坡状,以焊接导线为中心,对称成裙形展开。虚焊点的表面往往向外凸出,可以鉴别出来。

(2) 焊点上,焊料的连接面呈凹形自然过渡,焊锡和焊件的交界处平滑,接触角尽可能小。

(3) 表面平滑,有金属光泽。

(4) 无裂纹、针孔、夹渣。

10.1.4 吸锡器

吸锡器是一种修理电器用的工具,收集拆卸焊盘电子元件时融化的焊锡。有手动、电动两种。维修拆卸零件需要使用吸锡器,尤其是大规模集成电路,更为难拆,拆不好容易破坏印制电路板,造成不必要的损失。简单的吸锡器是手动式的,且大部分是塑料制品,它的头部由于常常接触高温,因此通常都采用耐高温塑料制成。吸锡器如图 10-6 所示。

图 10-6 无加热手动吸锡器与加热吸锡器

常见的吸锡器主要有吸锡球、手动吸锡器、电热吸锡器、防静电吸锡器、电动吸锡枪以及双用吸锡电烙铁等。

大部分吸锡器为活塞式的,按照吸筒壁材料,可分为塑料吸锡器和铝合金吸锡器。塑料吸锡器轻巧、做工一般、价格便宜,长型塑料吸锡器吸力较强;铝合金吸锡器外观漂亮、吸筒密闭性好,一般可以单手操作,更加方便。

吸锡器按照是否可以电加热,可以分为普通吸锡器和电热吸锡器。普通吸锡器使用时须配合电烙铁一起使用,电热吸锡器直接可以拆焊,部分电热吸锡器还附带烙铁头,换上后可以作为烙铁进行焊接。

1. 手动吸锡器使用方法

胶柄手动吸锡器的里面有一个弹簧,使用时,先把吸锡器末端的滑杆压入,直至听到"咔"声,则表明吸锡器已被固定。再用烙铁对接点加热,使接点上的焊锡熔化,同时将吸锡器靠近接点,按下吸锡器上面的按钮即可将焊锡吸上。若一次未吸干净,可重复上述步骤,吸锡操作如图 10-7 所示。

2. 电动吸锡器使用方法

电动真空吸锡枪的外观呈手枪式结构,主要由真空泵、加热器、吸锡头及容锡室组成,是集电动、电热吸锡于一体的新型除锡工具。

3. 吸锡器使用步骤

(1) 先把吸锡器活塞向下压至卡住。

(2) 用电烙铁加热焊点至焊料熔化。

(3) 移开电烙铁的同时,迅速把吸锡器头贴在焊点上,并按动吸锡器按钮。

(4) 一次吸不干净,可重复操作多次。

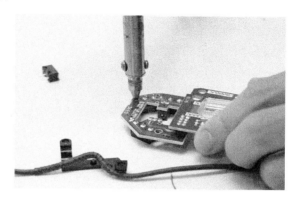

图 10-7 吸锡器操作

4. 吸锡器的使用技巧

(1) 要确保吸锡器活塞密封良好。通电前,用手指堵住吸锡器头的小孔,按下按钮,如活塞不易弹出到位,说明密封是好的。

(2) 吸锡器头的孔径有不同尺寸,要选择合适的规格使用。

(3) 吸锡器头用旧后,要适时更换新的。

(4) 接触焊点以前,每次都蘸一点松香,改善焊锡的流动性。

(5) 头部接触焊点的时间稍长些,当焊锡融化后,以焊点针脚为中心,手向外按顺时针方向画一个圆圈之后,再按动吸锡器按钮。

10.1.5 万能电路板

万能电路板(万能板)是一种按照标准 IC 间距(2.54 mm)布满焊盘,可按自己的意愿插装元器件及连线的印制电路板。相比专业的 PCB(印刷电路板)制板,万能板具有以下优势:使用门槛低,成本低廉,使用方便,扩展灵活。比如在学生电子设计竞赛中,作品通常需要在几天时间内争分夺秒地完成,所以大多使用万能板。万能电路板如图 10-8 所示。万能电路板的别名有:万能板、万用板、实验板、学习板、洞洞板、点阵板。

1. 万能电路板的焊接操作顺序

(1) 元器件布局要合理,事先一定要规划好,可在纸上先画画,模拟一下走线的过程。电流较大的元件或信号线,要考虑接触电阻、地线回路、导线容量等方面的影响。单点接地可以

图 10-8　万能电路板

解决地线回路的影响,这点容易被忽视。

(2) 用不同颜色的导线表示不同的信号线(同一个信号最好用一种颜色);

(3) 按照电路原理,分步进行制作调试。做好一部分就可以进行测试、调试,不要等到全部电路都制作完成后再测试调试,否则不利于调试和排错。

(4) 走线要规整,边焊接边在原理图上做出标记。

(5) 注意焊接工艺(尤其是待焊引脚的镀锡处理):

① 假如万能板的焊盘上面已经氧化,那么需要用水砂纸过水打磨,砂亮为止;吹干后,涂抹酒精松香溶液,晾干后待用。

② 元器件引脚如果氧化,须用刀片等工具刮掉氧化层后,做镀锡处理。

③ 导线剥开后,绝缘层剥离长度要控制,以免焊接后和其他导线或焊点形成短路。

④ 导线两端做镀锡处理后,再焊接。

⑤ 焊接工艺按照焊接五步法要求做。

2. 焊接电路板注意事项

(1) 注意元件的焊接顺序。元器件装焊顺序依次为:电阻、电容器、二极管、三极管、集成电路、大功率管等,其他元器件为先小后大,先矮后高。

(2) 芯片与底座都是有方向的。焊接时要严格按照 PCB 板上的缺口所指的方向,使芯片、底座与 PCB 板三者的缺口都对应。

(3) 焊接时要使焊点周围都有锡将其牢牢焊住,防止虚焊。

(4) 在焊接圆形柱的有极性电容器时,一般电容值都是比较大的,其电容器的引脚是分长短的以长脚对应"+"号所在的孔。

(5) 芯片在安装前最好先两边的针脚稍稍弯曲,使其有利于插入底座对应的插口中。

(6) 电位器也是有方向的,其旋钮要与 PCB 板上凸出方向相对应。

(7) 取电阻时,找到所需电阻后,拿剪刀剪下所需数目电阻,并写上电阻值,以便查找。

(8) 装完同一种规格后再装另一种规格元件,尽量使同种元件的高低一致。焊完后将露在印制电路板表面多余引脚齐根剪去。

(9) 焊接集成电路时,先检查所用型号,以及引脚位置是否符合要求。焊接时先焊边沿对脚的两只引脚,以使其定位,然后再从左到右、自上而下逐个焊接。

(10) 对引脚过长的电器元件,如电容器、电阻等,焊接完后,要将其剪短。

(11) 焊接后用放大镜查看焊点,检查是否有虚焊以及短路的情况发生。

(12) 当有连线接入时,要注意不要使连线深入过长,以至于将其旋在电线的橡胶皮上,出现断路的情况。

(13) 当电路连接完后,最好用清洗剂对电路的表面进行清洗,以防电路板表面附着的铁屑使电路短路。

(14) 在多台仪器对制作好的电路板实施老化测试工艺时,要注意电源线的连接零线对零线,火线对火线。老化又称老练,是指在一定环境温度下,较长时间内对电子元器件连续施加一定的电应力,通过电—热应力综合作用下,来加速元器件内部的各种物理、化学反应过程,促使隐藏于元器件内部的各种潜在缺陷及早暴露,从而达到剔除早期失效产品的目的。老化测试对电路板表面沾污、引线焊接不良、沟道漏电、局部发热等都有较好的筛选效果。

(15) 当最后焊接调试完毕时,应将连线扎起来,以防线路混乱交叉给电路带来干扰。

(16) 要进行老化工艺测试时可以发现很多问题:各连线要接紧,螺丝要旋紧,当电子插接接头反复插拔多次后,要注意连线接头是否有破损。

(17) 焊接上锡时,锡不宜过多。当焊点焊锡锥形时即为最好。

万能电路板焊盘都是单点的,当一个元件与另一个元件连接时,可用剪掉的电阻、电容器的管脚作连接线,其焊接如图10-9所示。

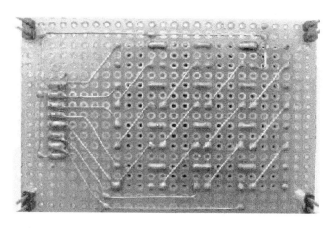

图10-9 万能电路板元件连接示意图

在工厂,人们常常把电烙铁手工焊接过程归纳为八个字:"一刮、二镀、三测、四焊"。"刮"就是指被焊件表面的清洁工作,有氧化层需要刮去,有油污的需要擦除;"镀"就是对被焊部位进行搪锡;"测"是指对搪锡受热后的元件重新检测,看它在焊接高温下是否会变质;"焊"是指最后把测试合格的、已完成上述三个步骤的元件焊接到电路板中。

10.2 万能电路板焊接实训实施

10.2.1 实训内容

(1) 认识电烙铁及万能电路板。
(2) 学习电子元件焊接方法。

10.2.2 实训目标

(1) 学会电烙铁的使用方法与注意事项。
(2) 学会印刷电路板电子元件的焊接,并熟练操作电烙铁。

10.2.3 实训方案

(1) 电烙铁的选用,包括电烙铁的测量与修理、换烙铁头等的操作。
(2) 认识焊锡条、焊锡丝、松香、焊膏等材料。
(3) 进行焊接操作工艺训练,注意不要被电烙铁烫伤,焊点不能过大或过小。
(4) 正确实施焊接四步法。
(5) 练习焊接好的元件拆焊作业,正确使用吸锡器。

10.3 实训思考题

(1) 焊接一般分为哪三种?
(2) 常用的电烙铁有哪两大类?
(3) 电烙铁手工焊接过程归纳为哪八个字?请分别解释其意义。
(4) 为什么电烙铁使用前及使用后需要对烙铁头进行搪锡?怎样操作?

实训 11　用 555 定时器设计制作实用电路

11.1　用 555 定时器设计制作实用电路相关知识

11.1.1　555 定时器原理

555 定时器又称 555 时基电路，是一种集成电路芯片，常被用于制作定时器、脉冲产生器和振荡电路。555 可被作为电路中的延时器件、触发器或起振元件。

555 定时器于 1972 年由西格尼蒂克公司推出，由于其易用性、低廉的价格和良好的可靠性，直至今日仍被广泛应用于电子电路的设计中。555 被认为是当前年产量最高的芯片之一，仅 2003 年，就有约 10 亿枚产量。

555 时基电路是一种将模拟功能与逻辑功能巧妙结合在同一硅片上的组合集成电路。它设计新颖、构思奇巧、用途广泛，备受电子专业设计人员和电子爱好者的青睐，人们将其戏称为伟大的小 IC。

1972 年，美国西格尼蒂克斯公司(Signetics)研制出 Tmer NE555 双极型时基电路，设计原意是用来取代体积大、定时精度差的热延迟继电器等机械式延迟器。但该器件投放市场后，人们发现这种电路的应用远远超出原设计的使用范围，几乎遍及电子应用的各个领域，需求量极大。美国各大公司相继仿制这种电路，1974 年西格尼蒂克斯公司又在同一基片上将两个双极型 555 单元集成在一起，取名为 NF556；1978 年美国英特锡尔公司(Intelsil)研制成功 CMOS 型时基电路 ICM555、1CM556，后来又推出将四个时基电路集成在一个芯片上的四时基电路 558，由于采用 CMOS 型工艺和高度集成，使时基电路的应用从民用扩展到火箭、导弹、卫星、航天等高科技领域。在这期间，日本、西欧等地区的各大公司和厂家也竞相仿制、生产。尽管世界各大半导体或器件公司、厂家都在生产各自型号的 555/556 时基电路，但其内部电路大同小异，且都具有相同的引出功能端。555 时基电路实物及引脚如图 11-1 所示，555 芯片各引脚功能如表 11-1 所列。

图 11-1　555 定时器实物图引脚定义图

表 11-1　555 芯片各引脚功能

引脚	名称	功能
1	GND(地)	接地,作为低电平(0V)
2	TRIG(触发)	当此引脚电压降至 1/3VCC(或由控制端决定的阈值电压)时输出端给出高电平
3	OUT(输出)	输出高电平(+VCC)或低电平
4	RST(复位)	当此引脚接高电平时定时器工作,当此引脚接地时芯片复位,输出低电平
5	CTRL(控制)	控制芯片的阈值电压(当此管脚接空时默认两阈值电压为 1/3VCC 与 2/3VCC)
6	THR(阈值)	当此引脚电压升至 2/3VCC(或由控制端决定的阈值电压)时输出端给出低电平
7	DIS(放电)	内接 OC 门,用于给电容放电
8	V+,VCC(供电)	提供高电平并给芯片供电

555 定时器内部等效功能电路如图 11-2 所示。

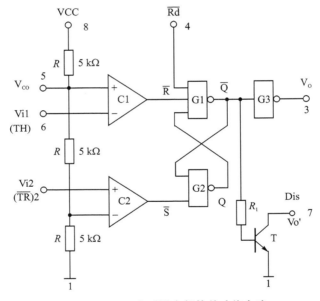

图 11-2　555 定时器内部等效功能电路

从 555 定时器内部电路可以看出,该电路同三个 5 kΩ 电阻,两个运算放大器 C1、C2,一个由 G1 与 G2 与非门制作而成的基本 RS 触发器,放电管 T 及缓冲器 G3 组成的。这个电路中,1 管脚接地,8 管脚接正电源 VCC,4 管脚为复位端,一般当不需要复位时,4 管脚接电源 VCC 上,3 管脚为输出端,7 管脚为放电端,2 管脚、5 管脚、6 管脚作为位号输出端,这三个管脚电位的高低决定了 555 定时器电路的输出状态。

电路中在电源 VCC 与地线之间(即 8 管脚与 1 管脚之间)串联的三个 5 kΩ 的电阻,555 定时器也是因此而得名的,由于三个电阻阻值相同,每个电阻各分压为 $\frac{1}{3}$VCC,三个电阻串联之间的电位分别为 $\frac{1}{3}$VCC 和 $\frac{2}{3}$VCC。

运算放大器 C1 的同相输入端接在电位为 $\frac{2}{3}$VCC 处,即 5 管脚,当 5 管脚为空时,电位为 $\frac{2}{3}$VCC,若 5 脚接在其他地点,则运算放大器 C1 同相输入电压就是 5 管脚所接处的电位,运算放大器 C1 的反相输入端为 6 管脚,C1 的输出端为 RS 触发器的输入端 $\overline{R}$,当 6 管脚电位高于 $\frac{2}{3}$VCC 时 C1 输出为低电平,即 $\overline{R}$ 为低电平;当 6 管脚电位低于 $\frac{2}{3}$VCC 时 C1 输出为高电平,即 $\overline{R}$ 为高电平。

运算放大器 C2 的反相输入端接在 $\frac{1}{3}$VCC 处,2 管脚接在运算放大器 C2 的同相输入端,当 2 管脚电位高于 $\frac{1}{3}$VCC 时,运算放大器输出为高电平,即基本 RS 触发器的 $\overline{S}$ 端为高电平;当 2 管脚电位低于 $\frac{1}{3}$VCC 时,运算放大器输出为低电平,即基本 RS 触发器的 $\overline{S}$ 端为低电平。

根据基本 RS 触发器原理,当 $\overline{R}$ 为低电平而 $\overline{S}$ 高电平时触发器输出为 0,此时 555 定时器 3 管脚输出为低电平;当 $\overline{R}$ 为高电平而 $\overline{C}$ 为低电平时触发器输出为 1,此时 555 定时器 3 管脚输出为高电平;当 $\overline{R}$ 为高电平而 $\overline{S}$ 也为高电平时触发器输出为保持状态,此时 555 定时器 3 管脚输出为原状态不变。

综合分析,当 6 管脚电位高于 5 管脚电位,同时 2 管脚电位高于 $\frac{1}{3}$VCC 时,555 定时器 3 管脚输出为低电平;当 6 管脚电位低于 5 管脚电位,同时 2 管脚电位低于 $\frac{1}{3}$VCC 时,555 定时器 3 管脚输出为高电平;当 6 管脚电位低于 5 管脚电位,同时 2 管脚电位高于 $\frac{1}{3}$VCC 时,555 定时器 3 管脚输出为保持原来状态。

所以 555 定时器的输出状态取决于两个运算放大器的输入状态,实际就是比较 6 管脚电位与 5 管脚电位的高低及 2 管脚电位与 $\frac{1}{3}$VCC 的比较结果,在应用电位中可以控制 6 管脚与 2 管脚的电位高低来实现 555 定时器的输出状态的转化。

11.1.2 实用 555 时基电路

1. 叮咚门铃电路

叮咚门铃电路原理如图 11-3 所示。此电路可以发出音色比较动听的"叮咚"声。叮咚门铃电路由 IC555 与二极管 VD1、VD2,电阻 R_1、R_2、R_3、电容 C2,开关及喇叭等组成。平时 S_1 处于断开状态,此时由于 555 的第 4 脚通过 R_1、C_1 接地,处于低电平,故 555 处于复位状态,第 3 脚也输出低电平。当按钮 S 被按压后,9 伏电压通过 VD1 向 C_2 充电,很快使得 555 的第 4 脚呈现高电平,555 开始振荡,当松开按钮 S 后,由于 C_1 还存有电荷,555 的第 4 脚仍为高电平,555 仍将维持振荡状态,但此时的振荡频率是有所变化的,此时的振荡频率比按压 S_1 时的要低。随着 C_1 通过 R_1 逐步放电,C_1 两端电压逐步降低,直至 555 的第 4 脚为低电平,使得 555 再次处于复位状态,停止振荡。因此本电路在按钮 S 按下时发出高音的"叮"声,松开按钮 S 后发出"咚"声。振荡频率由 555 的第 3 脚输出,通过 C4 驱动喇叭 BP 发声。

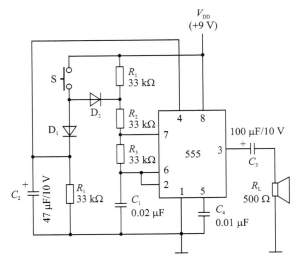

图 11-3 叮咚门铃电路

2. 555 触摸定时开关电路

555 触摸定时开关电路原理如图 11-4 所示，555 定时器在这里接成单稳态电路。平时由于触摸片 P 端无感应电压，电容 C_1 通过 555 第 7 脚放电完毕，第 3 脚输出为低电平，继电器 KS 释放，电灯不亮。当需要开灯时，用手触碰一下金属片 P，人体感应的杂波信号电压由 C_2 加至 555 的触发端，使 555 的输出由低变成高电平，继电器 KS 吸合，电灯点亮。同时，555 第 7 脚内部截止，电源便通过 R_1 给 C_1 充电，这就是定时的开始。

当电容 C_1 上电压上升至电源电压的 2/3 时，555 第 7 脚道通使 C_1 放电，使第 3 脚输出由高电平变回到低电平，继电器释放，电灯熄灭，定时结束。

定时长短由 R_1、C_1 决定：

根据放电时间常数公式 $T_1 = 1.1 R_1 * C_1 = 1.1 \times 1 \times 106 \times 220 \times 10 - 6 = 242\ s \approx 4\ min$。

按图 11-4 中所标数值，定时时间约为 4 min。二极管 D1 可选用 1N4148 或 1N4001。其作用是当 3 管脚电由高变低后，为继电器线圈提供一个放电回路，如果继电器线圈不放电，当 555 定时器下次需要输出高电平时，继电器线圈电压作用在 555 定时器 3 管脚上，易出现过电压从而使 555 定时器被过电压击穿。

3. 照片曝光定时器电路

照片曝光定时器电路原理图如图 12-5 所示，电源接通后，定时器进入稳态。此时定时电容 CT 的电压为 6 V。对于 555 定时器来说，两个电压比较输入端 6 管脚及 2 管脚都是高电平，此时 3 管脚输出 $V_O = 0$。继电器 KA 不吸合，常开点是打开的，曝光照明灯 HL 不亮。

按一下按钮开关 SB 之后，定时电容 CT 立即放电到电压为零。于是此时 555 定时器电路的输入端 6 管脚和 2 管脚电位为 0，此时 555 定时器输出变成高电平：$V_O = 1$。继电器 KA 吸合，常开接点闭合，曝光照明灯点亮。按钮开关按一下后立即放开，于是电源电压就通过 RT 向电容 CT 充电，暂稳态开始。当电容 CT 的电压上升到 2/3VCC 既 4 伏时，定时时间已到，555 定时器电路输出又翻转成低电平，即 $V_O = 0$。继电器 KA 释放，曝光灯 HL 熄灭。暂稳态结束，又恢复到稳态。

实训 11　用 555 定时器设计制作实用电路

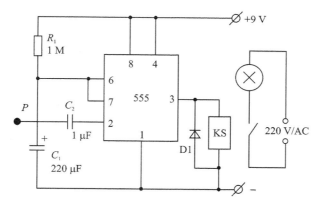

图 11-4　叮咚门铃电路 555 触摸定时开关电路

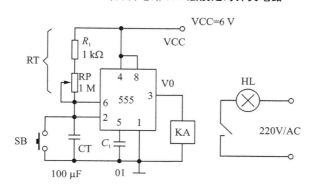

图 11-5　照片曝光定时器电路

4. 单电源变双电源电路

单电源变双电源电路原理如图 11-6 所示：电路中，555 时基电路接成无稳态电路，根据充放电时间常数 $T=1.1RC_2$ 得（其中 R 为 12 kΩ，C_2 为 1 000 pF）经计算得，时间常数约为 $25×10^{-6}$，周期为时间常数的 2 倍，所以频率约为 20 kHz。3 脚输出频率为 20 kHz、占空比为 1∶1 的方波。3 脚为高电平时，电容 C_4 被充电；3 脚为低电平时，电容 C_3 被充电。由于 VD1、VD2 的存在，C_3、C_4 在电路中只充电不放电，充电最大值为 EC，将 B 端接地，在 A、B 两端就得到 +EC 的电源；在 B、C 两端也得到 +EC 电源，即 A、C 两端分别为 +EC 电源和 -EC 电源。本电路输出电流可以超过 50 mA。该电路的缺点是 R_1 选择的阻值小时，电路自身消耗功率大；当 R_1 阻值较大时带负载能力又较差，因此这种电路的实用性不高。

5. 简易催眠器电路

简易催眠器电路原理如图 11-7 所示。该电子催眠器是由 555 时基电路芯片和有关外围元件组成的无稳态多谐振荡器电路。

接通电源开关后，+6 V 电压加至 555 时基电路的 4 脚和 8 脚，为芯片提供工作电源。多谐振荡器振荡工作后，从芯片的 3 脚输出低频振荡脉冲信号，该信号经 100 μF 耦合电容器 C3 加至扬声器 B 上，发出模拟水滴声。

调节电位器 RP 的阻值或改变电容器 C1 的容量，可改变多谐振荡器的工作频率。RP 选用 WS2-1 型实心电位器或密封式可变电阻器。2 kΩ 和 5.1 kΩ 电阻可选用 RTX-1/8W 型碳膜电阻器。B 用 Φ27 mm×9～80 mm 超薄微型动圈式扬声器。

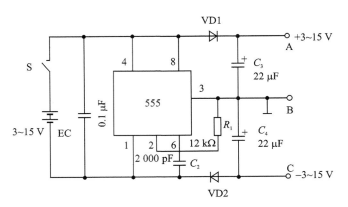

图 11-6 单电源变双电源电路

制作与调试：

将焊接好的电路板连同扬声器 B、开关 SA 一起装入合适的绝缘小盒内。SA 在盒子上部开孔固定，并注意在盒的面板上，为扬声器 B 开出释音孔。由于电路简单，一般不用调试即可正常工作。

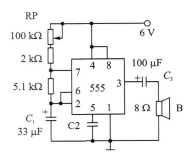

图 11-7 简易催眠器电路

6. 电热毯温度控制电路

电热毯温度控制器是由 NE555 集成电路为核心而制作的，其电路工作原理如图 11-8 所示。

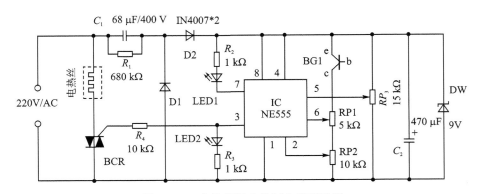

图 11-8 电热毯温度控制电路原理图

电路图中 IC 为 NE555 时基电路。RP3 为温控调节电位器，其滑动臂电位与 555 定时器两个比较输入端 2 管脚与 6 管脚的电位相比较确定 555 定时器 3 管脚输出高低电平，从而控制可控硅 BCR 是否导通，来控制电热丝的电源是否接通。

实训 11　用 555 定时器设计制作实用电路

电路中 220 V 交流电压经 C_1、R_1 限流降压，D1、D2 整流、C_2 滤波，DW 稳压后，获得 9 V 左右的电压为 ICNE555 提供电源。接通电源后，因已调 RP1 与 RP2 为定值，当环境温度较低时，热敏传感器 BG1 截止，2 管脚与 6 管脚电位较低，低于 5 管脚电位时，555 定时器 3 管脚输出高电平，可控硅 BCR 导通，电热丝通电加热。当环境温度较高或由于电热丝作用而使温度升高到一定值时，热敏元件 BG1 导通，555 定时器的 2 管脚及 6 管脚电位高于 5 管脚电位，555 定时器 3 管脚输出低电平，可控硅 BCR 关断，电热丝停止加热。温度开始逐渐下降，热敏元件 BG1 的导通电流随之逐渐减小，2 管脚、6 管脚电位逐渐降低，当温度低到一定时可以自动开启电热丝加热。

元件选择：BG1 可选用 3AX、3AG 等 NPN 型锗管；BCR 用 400 V 以上的小型双向可控硅，其它元件按图标选用。

制作要点：

热敏元件 BG1 可用耐温的细软线引出，并将其连同管脚接头做好绝缘措施后装入一金属容器壳内，并注入导热硅脂，制成温度探头。使用时，把该温度探头可根据需要放在适当位置。

在实际学习与应用中，555 定时器制作的很多适用电路还很多，比如水箱自动供水控制、小孩尿床报警控制电路等，这里就不一一列举了，学生可以根据上述电路原理图利用万能电路板进行电路设计，练习焊接、调试，也可以自行设计其他电路，利用 555 定时器制作一些实用电路，以提高学习兴趣。

11.2　555 定时器设计制作实用电路实训实施

11.2.1　实训内容

用万能电路板及 555 定时器设计及制作电路。

11.2.2　实训目标

(1) 掌握 555 定时器控制电路的原理。
(2) 学会制作实用的电子电路。

11.2.3　实训方案

(1) 学生自选实用电路，分析电路的功能。
(2) 合理选取电子元器件，在多功能面包板上进行连接并调试。
(3) 调试成功后，可在万能电路板进行合理布局后焊接、测试。
(4) 在有条件实训室，同学们可以在老师的指导帮助下自己动手打印或手绘敷铜板，然后进行浸蚀电路板、钻孔、焊接，完成一整套电路板制作与安装程序。

附录　触电急救

人体是导电体,一旦有电流通过,人体将会受到不同程度的伤害。人体触电有电击和电伤两类。

1. 常见的触电方式

(1) 单相触电:人体的某一部分接触带电体的同时,另一部分与大地或中性线相接,电流从带电体流经人体到大地(或中性线)形成回路,如图1右下角所示。

(2) 两相触电:人体的不同部分同时接触两相电源时造成的触电,如图1右上角所示。对于这种情况,无论电网中性点是否接地,人体所承受的线电压将比单相触电时高,危险更大。

(3) 跨步电压触电:雷电流入地或电力线(特别是高压线)断落到地时,会在导线接地点及周围形成强电场。当人畜跨进这个区域,两脚之间出现的电位差称为跨步电压。在这种电压作用下,电流从接触高电位的脚流进,从接触低电位的脚流出,从而形成触电,如图1左下角所示。

图1　常见的触电方式

2. 触电急救

触电急救的要点是动作迅速、救护得法(见图2),切不可惊慌失措。

<u>急救方法</u>

当触电者脱离电源后,应根据触电者的具体情况,迅速地对症进行救护。现场应用的主要救护方法是人工呼吸法和胸外心脏按压法。触电者需要救治时,大体上按照以下三种情况分别处理:

(1) 对失去知觉的触电者,若呼吸不齐、微弱或呼吸停止而有心跳的,应采用口对口人工呼吸法进行抢救。

附录　触电急救

图2　触电急救

口对口人工呼吸法抢救的方法是:使触电者仰卧,颈部垫软物,头偏向一侧,清除口中的血块、痰液或口沫,取出口中假牙等杂物,使其呼吸道畅通(见图3(a));然后急救者深深吸气,捏紧触电者的鼻子,大口地向触电者口中吹气(见图(3b));接着放松鼻子,使之自身呼气,每5 s一次,坚持连续进行,在触电者苏醒之前,不可间断。

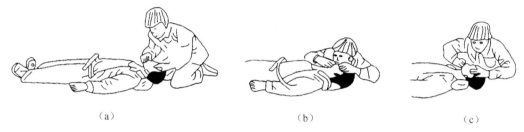

图3　口对口人工呼吸法

(2) 对有呼吸而心脏跳动微弱、不规则或心跳已停的触电者,应采用胸外心脏按压法进行抢救。

胸外心脏按压法抢救的方法是:使触电者仰卧在硬板或地上,颈部垫软物使头部后仰,松开衣服和裤带,急救者跪跨在触电者臀部位置(见图4(a));急救者将右手掌根部按于触电者胸骨下1/2处(见图4(b)),右手掌置放在触电者的胸上,左手掌压在右手掌上(见图4(c));然后用力向下挤压3~4 cm后,突然放松(见图4(d))。挤压和放松动作要有节奏,每秒钟1次(儿童2秒钟3次),按压时应位置准确,用力适当,用力过猛会造成触电者内伤,用力过小则无效,对儿童进行抢救时,应适当减小按压力度,在触电者苏醒之前不可中断。

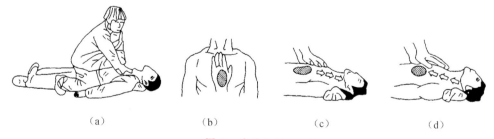

图4　胸外心脏按压法

(3) 对于呼吸与心跳都停止的触电者的急救,应该同时采用"口对口人工呼吸法"和"胸外心脏按压法"。如急救者只有一人,应先对触电者口对口吹气 2~3 次,然后再心脏按压 10~15 次,且速度都应快些,如此交替重复进行直至触电者苏醒为止。如果是两人合作抢救,则每 5 s 口对口吹气一次,每 1 s 心脏按压一次,两人交替进行。操作方法如图 5 所示。

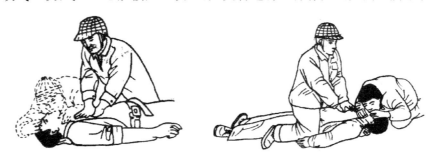

(a) 单人操作法　　　　　　　　　　(b) 双人操作法

图 5　对呼吸与心跳都停止的触电者急救

参考文献

[1] 特古斯.电工技能实训[M].北京 机械工业出版社,2018.
[2] 张明金.电工技能训练[M].北京 机械工业出版社,2015.
[3] 郭志雄.电子工艺技术与实践[M].北京 机械工业出版社,2020.
[4] 谢水英.电工与电子技术[M].杭州 浙江大学出版社,2019.
[5] 张仁醒.电工基础技能实训[M].北京 机械工业出版社,2018.
[6] 朱晓慧.电工电子技能实训[M].北京 北京航空航天大学出版社,2011.